DANGEROUS PERSONALITIES

危险人格识别术

如何保护自己及家人不受伤害

（美） 乔·纳瓦罗 Joe Navarro 托妮·斯艾拉·波茵特 Toni Sciarra Poynter ◎ 著

吴果锦 ◎ 译

九州出版社
JIUZHOUPRESS

图书在版编目（CIP）数据

危险人格识别术 /（美）纳瓦罗，（美）波茵特著；
吴果锦译．—北京：九州出版社，2014.5

ISBN 978-7-5108-2962-8

Ⅰ.①危… Ⅱ.①纳… ②波… ③吴… Ⅲ.①人格心理学－通俗读物
Ⅳ.①B848-49

中国版本图书馆 CIP 数据核字（2014）第 092798 号

著作权合同登记号 图字：01-2014-3915

危险人格识别术

作　　者	（美）乔·纳瓦罗　（美）托妮·斯艾拉·波茵特 著　吴果锦 译
出版发行	九州出版社
出 版 人	黄宪华
地　　址	北京市西城区阜外大街甲 35 号（100037）
发行电话	（010）68992190/3/5/6
网　　址	www.jiuzhoupress.com
电子信箱	jiuzhou@jiuzhoupress.com
印　　刷	北京博艺印刷包装有限公司
开　　本	880 毫米 ×1230 毫米　16 开
印　　张	19
字　　数	183 千字
版　　次	2014 年 7 月第 1 版
印　　次	2014 年 7 月第 1 次印刷
书　　号	ISBN 978-7-5108-2962-8
定　　价	36.80 元

谨以此书献给那些被危险人格所伤害的人

世上有两种人：一种人给你滋养，另一种人则榨干你。

——乔·纳瓦罗

DANGEROUS PERSONALITIES

CONTENTS

目 录

第三章
“谁都不相信，这样就不会受伤害了。”（妄想型人格）

第四章
“我的就是我的，你的也是我的。”（掠夺型人格）

第五章
一个坏，两个糟，三个致命（综合型危险人格）

第六章
面对危险人格该如何自护

/ 概述 /

本书旨在拓展读者的知识储备，或对其目睹（或亲身经历）的事情进行验证，不是临床心理疾病指南，也不能替代受过培训或有资质的专业人士所提供的咨询服务。

每次与受害人交谈时，我都对他们遭受的苦难深表痛心，也深知需要保护他们的隐私和尊严。所以，本书中的受害者用的都是化名，而为了保险起见，我连事件、日期、时间、地点等都做了细微改动，因为现在有些警方报告和离婚文件是可以通过关键词（词组）搜索到的。总之，在不影响事例的特征或方式的代表性这一前提下，我尽最大努力保护了事件受害者的隐私和尊严。

/ 序 /

我的同事兼好友乔·纳瓦罗将本书初稿交给我，让我阅读并提出适当的建设性意见。从我翻开本书第一页那一刻起，就再也放不下它了。这无疑是我曾读过的此类书籍中最有趣、最有用、最适合读者阅读的书之一。时至今日，对危险人格进行分析的学术研究已有很多，但乔并未落入社会科学术语和复杂的数据分析的俗套；他凭借自己多年的 FBI 特工及犯罪侧写员工作经历，清晰地向读者阐述了其对危险人格的论述和观点。

在阅读本书时，有个问题浮现在我脑中：谁会觉得本书既有趣又有用呢？我的答案是：每个人。因为，我们每个人在人生的某个时刻几乎都会遇到一个或多个具有危险人格的人。这些人也许是我们的家人，是我们约会或结婚的对象，是我们的至交好友，或是我们的普通朋友，有些则是陌生人。

本书的价值在于，它能帮助读者明白这样一个道理：在与一个具有危险人格的人相处时，即便是偶然邂逅，你也可能成为他的猎物。这种人心理存在缺陷，麻木不仁，将其苦难归咎于你，同时却对自己的恶毒行为无动于衷，不思悔改。

希望大家能认真阅读、使用此书，因为它将为大家带来以下三个好处：第一，它能帮助读者识别危险人格，不会糊里糊涂与其有所牵扯；第二，它给读者提供具体的建议，教大家在迫不得已时如何有效应对危险人格；第三，也是最重要的一点，如果大家真的把书中所述的警示和忠告放在心上，也许会拯救生命，至少会使你的心理、身体、经济免受伤害。

我曾做过凶杀案警官，现在是一名犯罪学家，在我的从业生涯中，曾目睹过这些具有危险人格者给无辜（常常事先毫不知情）的受害者所造成的大量灾难。一旦进入这些人的影响范围或控制范围，谋杀、强奸、殴打、偷盗、霸凌、利用……就会随之而来。这些人狡猾精明，见缝插针。基于我多年的执法工作经历以及大量的犯罪学研究，我可以这样说，某个具有危险人格者很可能会进入你或亲人的生活。保持警惕是很有必要的，而警惕心与相关知识结合起来才能最大限度保证你的安全。我要说，乔·纳瓦罗的这本书恰恰符合了这一特点。

伦纳德·特利托博士
美国佛罗里达州圣里奥大学刑事司法特聘教授
南佛罗里达大学犯罪学系名誉教授

前言 ／本书的写作意图及应用说明／

1975 年 6 月 27 日，一个名叫苏珊·柯蒂斯的女孩从一个治安良好的校园里失踪了。她当时 15 岁，正在犹他州普罗沃市的杨百翰大学参加青年会议，我那时则刚刚进入警局不久，是个新手警察。

我负责这起失踪案的前期调查。在询问了她的家人和朋友之后，我们得知：当时她说要回宿舍清洗牙箍[1]。但是我检查过她的房间，发现牙刷是干的，这说明她并未回过宿舍。

那时的校园不像现在到处都有摄像头，也没有手机能与人时刻保持联系，所以我们只能从她的日常活动（比如说，她的午餐券已经用掉了，诸如此类）来寻找线索。

我们跟她的家人交谈过。苏珊的失踪无异于晴天霹雳，令他们心如刀绞。他们悲痛而绝望的样子我至今历历在目。

苏珊最终未能被找到，所有线索查下去都是死胡同。但这起离奇的失踪案始终萦绕在我的心头，因为她失踪的那晚正是由我负责在校园里巡逻。我总觉得应该对她的失踪负一定的责任。我把案卷复印了一份，里面有一张她的大幅照片，许多年来，我都在茫茫人海里搜寻，希望能找到一张与她有丝毫相仿的面孔。保留这份案卷的另一目的就是要时刻敲打自己——当时我未能保护这一无辜的生命。

很多年过去了，我进了 FBI，成为一名特工。有一天，我接到一位盐湖城警探打来的电话，他说："有件事要告诉你。到现在我们都没能找到苏珊·柯蒂斯，但我们找到当初绑架她的人了。"他接着说，当晚有一个帅气的年轻男子驾驶一辆大众汽车在校园里游荡，找寻"猎物"。被捕之后，这名男子交代了绑架并杀害苏珊·柯蒂斯的罪行。他就是西奥多·泰德·邦迪，经过审讯，他最终交代自己在美国的四个州里连环杀害了 35 名女性。

至今我还不忍回想那个杏眼长发的女孩。我曾日复一日看她的照片，读她的日记，闻她的衣物并探索她曾去过的地方，检查她鞋子的潮湿情况和鞋底的泥土……只为寻找点滴线索来找到她的下落。案发当晚，我很可能见过凶手在校园里开车游荡，我本该细心查看一下车里是否坐着一名杨百翰大学的学生、车窗上是否贴着教职工车辆的标签，但是当天来校园里参加活动的人太多，很多人都把这一点疏忽了。当晚并没有人目击到违法行为，也没有人报警。当晚的校园似乎跟以往没什么两样，除了多了一个四处寻找猎物的危险人物，一个“捕食者”。这个连环杀人凶手并未就此收手，此后又残杀了多名女性。

杨百翰大学的治安在全国来说是最好的，却仍有诱拐杀人案发生，这是怎么了？什么样的人会做出这种惨绝人寰的事？一想到竟会有人如此狠毒地伤害他人及其亲友，我就心寒、愤怒。那时我只是一名22岁的小警员而已，却已深深明白了一件事：在我们生活的星球上存在各种危险人物，只要有这样的危险人物，就没有绝对的安全。接着我意识到，当时只有15岁的苏珊·柯蒂斯在被害当晚独自一人面对那个禽兽时肯定也明白了这个道理；一想到这个情景，我就不寒而栗。

也正是在这一事件的驱动下，多年之后我加入了FBI的犯罪侧写部门，在坦帕市分部工作，后来到了FBI的精英部门——国家安全处，参与行为分析项目。我逼着自己去研究罪犯个体及其异常行为，而这也成了我在联邦调查局的主要工作内容。苏珊·柯蒂斯是在我眼皮子底下失踪的，我在案件调查报告上如此写道。这一惨剧鞭策着我拼命寻找问题的答案，而答案就在两类人身上——罪犯本人及受害者。

40多年来，我从他们身上总结出了一条规律，那就是某些人格会给他人带来伤害。不论是恶行、痛苦、折磨、经济损失还是非正常死亡，应为这些惨剧负责的总是属于此类人格的人。本书所要阐述的也就是这些给我们带来痛苦和折磨的危险人格。我要将自己所了解的，关于罪犯、反常行为、危险人格的知识分享给大家，因为这些知识真的可以挽救生命。

本书的写作意图

通过这本书，我想与大家分享我所掌握的知识，让大家也能了解那些可能给我们带来伤害的人是什么情况。具有危险人格者无处不在，他们可能是我们的邻居、朋友、上司、恋人、配偶、父母……他们可能是社区领袖，也可能是负责我们教育、资产、健康、安全的专业人士，正因为如此，我们更应该心怀警惕。

邪恶、罪行、痛苦和折磨降临的方式五花八门，它们不会大张旗鼓，叫嚣着“准备好了吗，我就要来了”一路找到我们身上来。以我多年从事 FBI 特工的经验而言，那些不法分子都擅长于接近受害人，然后再下手。比如丹尼斯·雷达[2]，从他首次作案到最后被捕，这 30 年时间里他隐藏得非常好——他在堪萨斯州威奇托市附近的帕克市定居，是当地一个基督教会的领导、市里流浪狗捕狗队成员、合规专员[3]。在这光鲜的外表之下，他却是一个至少杀害了 10 个人的连环杀手，又因为他捆绑、虐待、杀害的作案手法，得了 BTK 这个外号。而这些罪行在 30 年时间里被他隐藏得密不透风，连他的妻子、孩子、市政官员和教会同僚都不知道。再比如大卫·罗素·威廉姆斯[4]，这个受过多项嘉奖的加拿大空军上校也有个不为妻子、同事所知的秘密：他是一个连环强奸杀人犯。此类例子还有许多，如天主教神父的长袍下，掩盖了几十年的虐童罪行……

诸如此类的罪恶事实令人惊愕疑惑：我们还能相信谁？如何才能察觉危害、防患于未然？说到底，我们的武器只有三个：一是嗅探危险的动物本能，二是观察能力，三是察觉到他人行为反常的警觉心。

如果察觉危险迹象能够救你一命的话，那么有时候这个能救你命的人恰恰就是你自己，因为不论是在工作还是在家里，坐在那个古怪或易怒的人的格子间旁边，或与其只有一门之隔的人正是你啊。比如 2013 年被捕的阿里尔·卡斯特罗，他把 3 个女孩囚禁在家里达 10 年之久（那可是 3600 多天啊），并虐待和强奸她们。在他被捕几个小时之后，邻居们在接受记者采访时都是又惊又疑，因为卡斯特罗“一副阳光和善的样子，很喜欢小孩子”，有一名与卡斯特罗仅隔两户人家的老邻居认识卡斯特罗已达 22 年之久，他说：“我很愧疚，我该早就发现一些迹象的。”

如果这些人——卡斯特罗的邻居、家人、玩音乐的同伴、乐队成员（卡斯特罗是某支乐队的吉他手兼主唱）——的观察力和警觉性再强一点儿，结果会是怎样？然而大多数人都不愿干涉他人的生活，我们的社会风气也是“少管闲事”，并且，大多数人即使有心，也不知该对哪些情况留意。可悲的是，这种“事不关己，高高挂起”的心态已成为社会的常态，极少会有例外情况出现。

我不愿大家受到伤害，也不愿大家经历那些我曾目睹、很多不幸的人曾遭受的痛苦，我希望大家都能过上幸福、充实的生活。但我知道，具有危险人格的人无处不在，并伺机伤害、折磨、掠夺我们。你若是不信，只需翻翻报纸，看看上面的罪案报道，就能明白我们为什么需要时刻提防了。

人们总是在受到伤害之后才会想起这样的问题:“为什么这种事会发生在我身上？为什么事先一点儿迹象都没有？”这种情况大家（包括我在内）都曾经历过。事后诸葛亮谁都会当，可预见力几乎全无。这是本末倒置，于事无补。对危机的预见力并非人皆有之，因为从未有人教我们该去留意什么。像我这样与犯罪案件打交道的专业人士都知道，几乎所有恶行都有其个性特征和行为迹象，这些蛛丝马迹就是对潜在受害者发出的警告:“哪里哪里不对劲，当心，留意，躲开……”可是，人们或者察觉不到这些特征和迹象，或者对其视若无睹、听而不闻。

所以我才要写这本书。我想帮大家擦亮双眼，看清潜在的算计和伤害。安全是我们自己的责任，不能依赖他人；把个人安危托付于他人，得到的只能是失望和伤害。警察局整天都忙得焦头烂额，心理诊所里总是人满为患，从法庭审判中逃脱的坏人络绎不绝，还有前文曾提到的，有太多恶人未能被绳之以法……所以，我们必须把个人安危握在自己手里。

如果对付这些坏人能像上网一样，轻点鼠标就能屏蔽掉，那该多好。但这是不可能的。那我们就只能时刻保持警惕了。我希望与大家分享这些宝贵的知识，因为大家不可能随身“携带”一位犯罪学专家，可以随时回答你的疑问，“你怎么看？他危险吗？”“他是个好人吗？”“我能放心让他照看孩子吗？”“跟他合伙投资靠不靠谱？”“选他做舍友没事吧？”“这个经理会不会毁了我的公司？”“我把他带回家并留他过夜没事吧？”……在找到问题的答案之后，我们要做出是或否的决定；但很少有人能在做决定之前，针对心中疑问去对相关的人进行“审查”。若是未经仔细考虑就仓促做出决定，那么人们很可能会在第二天报纸头版的“昨日惨剧”新闻报道中找到问题的答案。

读过这本书之后，你就能在保证自身安危这件事上采取主动了。它将以浅显而实用的方式教给你专家级的知识，这样你就能将自己的安危牢牢把握在手中。通过本书，我将教大家学会辨识有缺陷的人格和品德，以减少大家在情感、心理、经济、身体上被算计的可能性。本杰明·富兰克林有句名言：“投资知识将获得最大回报。”我将其稍做补充——学习本书所述的知识将拯救生命。

危险人格的真相

现在，我们已经对新闻头条里的枪击案见惯不怪了：某人走进办公大楼或是教室、露营地等场所，接着，似乎毫无缘由地拿出自动步枪等武器疯狂扫射，打死打伤大量无辜平民。惨案过后，事态平息下来，在掩埋哀悼死者、救助抚慰伤者（后者及其家人的人生必定要永远背负这一创伤）之时，总有这样的问题浮现出来："什么样的人竟会如此狠毒？就没有办法防止此类惨剧重演吗？"

每当有这样的惨案发生，都会立刻成为媒体的焦点，并在数月时间里萦绕在我们嘴边心头（如弗吉尼亚理工学院校园枪击案[5]、哥伦拜恩校园事件[6]、桑迪胡克小学枪击案[7]、奥斯陆爆炸枪击事件[8]……此类例子不胜枚举）。尤为不幸的是，此类惨剧层出不穷，仅以美国为例，平均每年就有 18 ～ 20 起类似惨案发生（根据 2012 年 8 月 6 日《时代》公布的数据）。而这种平均每月 1 起的惨案已使得我们感觉麻木。每次得知惨案的消息，我们关心的似乎只剩下了死亡的人数，这次是多少？ 8 个、16 个、26 个还是 77 个[9]？

此类大规模惨案虽说令人发指，却只是我们所面临威胁的冰山一角。一个更为残酷的事实是：每一起大规模杀伤惨案的背后，都有数以百计的小规模凶案，那些凶手一次只杀害一名儿童 / 恋人 / 配偶。这样的惨案很少会成为媒体的焦点，而对大多数人而言，这种没有全国影响的、低调的恶行、折磨和虐待才是最应提防的。

那些危险人格的主人就在我们身边，或在我们家庭内部，或在教堂里，或在学校里，或在办公室里……他们往往隐藏得极好，甚至深得我们的信任，大多数人都不知自己竟然整日与虎狼为伴，待到明白过来却为时已晚。由于此类凶案破案率不高，所以只有在凶手被抓住并经过媒体报道之后才会引起我们的关注。仅就美国而言，平均每年会有 15000 起凶杀案、4800000 起家庭侵害、2200000 起盗窃、354000 起抢劫、230000 多起性侵案发生，其中很多暴行未有报案，害人者得不到法律的惩罚（以上数据来自 FBI 2011 年的《统一犯罪报告》）。还有像伯纳德·麦道夫[10]这样的人，多年以来他从老年人甚至朋友那里诈骗钱财，其金额之大、范围之广令人咋舌，波及数千人的经济生活。他们可以数十年潜形匿迹，暗中作恶，如在 15 年时间里性侵多名男童的杰里·桑达斯基[11]。

回想一下你自己的经历，也许你也是某种偷盗或暴行的受害者。或者你曾家中被盗，或者曾被人撬了车门，或者你曾经的恋人阴险狠毒，或者你曾在学校或工作中被人欺负，或者你曾被人袭击、抢劫，或者曾遭受性虐待但未曾报案，又或者你报了案，却迟迟未有结果……总有太多罪行未被报案，而已经报案的那些，将坏人绳之以法的概率又小得可怜。根据犯罪学家们的统计结果，这概率还不到 1%。

这也就意味着，对大多数人而言，那些可能会给我们带来伤害的人——那些危险人格的主人——或者因得不到法律的惩罚而恣意妄为，或者作恶多年之后才服罪束手。以上所说的还仅仅是身体的伤害。但创伤绝非仅限于身体，大多数坏人还会给我们造成情感、心理、经济等方面的伤害。这类人也属于危险人格，因为他们会以其独有的方式伤害我们。

四种危险人格的由来

在 FBI 担任侧写员时，我渐渐发现某些人格是产生罪恶的根源。具有这些人格的人往往是以下几类事件的罪魁祸首，他们或总给他人带来痛苦和折磨，或总在违法乱纪，或总有危险行为倾向，或总是投机取巧、喜欢虐待他人……总之就是导致别人身心痛苦。并且，其此类行为并非偶然，而是一种常态。

通过学习和别人的指导，我了解到某些人格常常会表现出以下特点：他们或者恶毒，或者谎话连篇、总爱操纵别人，或者喜欢在利用他人过程中得到乐趣，或者不尊重他人、不遵纪守法……他们没有情感，残忍、冷酷、爱算计人。他们会一遍遍重复此类行为，对因此给他人造成的身心伤害毫不关心。

我曾参与各种案件的调查和逮捕工作，并与强奸犯、杀人犯、绑架犯、银行劫匪、白领罪犯[12]、恋童癖患者、恐怖分子等罪犯有过交谈。我发现，危险人格是可以隐藏得很深的，所以我的这些知识和经验也得来不易。

1995年我认识了凯丽·特雷泽·沃伦，那时她30岁，跟丈夫、女儿一起居住在乔治亚州的沃纳罗宾斯。凯丽曾在美国军队担任文秘职务，在德国服役结束后光荣退役。她丈夫在贮木场工作，她退役后则陆续换了几份工作，如当保姆、在便利店打工等。

每次见到凯丽，她总是满面笑容，用拥抱迎接我的到访。哪怕食物再少，她也与你一起分享；眼前的冰茶，不等喝完她就及时为你添满。那年夏天我们一共会面10多次，她的笑容从未消减。

凯丽告诉我在德国驻扎的军队生活是怎样的，还回忆起她在美国南方一个贫困家庭的成长经历。她风趣开朗，应答迅速，从未使交谈冷场。在近一年时间里，她向我及我FBI的同事们提供情报，帮助我们追捕一个罪犯——那人不仅仅是个罪犯，他还是个苏联间谍。那一年时间里，我们听信了凯丽所说的每一个字；只要是她热情提供的线索，我们都信以为真。

然而，事情很不对劲。听从了凯丽的话，我们反而一无所获。很久之后我们才发现，真正的线索其实并不在美国国内，而是远在欧洲。最后我们去找凯丽对质，那时我们才发现，她不仅仅是对我们撒了谎，真正出卖了祖国的就是她。在20世纪冷战高峰期，20多岁的她利用打文件的职务便利，将高度机密的作战计划卖给苏联，把整个中欧置于险境。

总是一脸笑容招待我们冰茶的凯丽，只是危险人格的又一个例子——他们一方面魅力非凡、诙谐风趣，另一方面却能将整个国家（在凯丽而言则是若干个国家）置于岌岌可危的境地。最终，凯丽因犯间谍罪被判25年监禁。

会出现缺陷的不仅仅是人格，还有品德，亦即品行和道德。大体而言，这种人不可相信，不可依靠，不可托付。并且，因为他们的人格和品德存在缺陷，他们的行为往往会给他人带来灾难和痛苦。

多年以来，我总结出四种人格类型，它们正是我们常见伤害的罪魁祸首。这四种危险人格广泛存在于我们的生活之中，威胁着我们的经济、情感和身体安全，它们也正是本书的论述重点：

◎自恋型人格

◎情绪不稳定型人格

◎妄想型人格

◎掠夺型人格

关于本书的用词

有些读者可能会纳闷，我为什么会选择使用像“掠夺型人格”和“情绪不稳定型人格”这样的词汇来定义书中的两种危险人格。这里我需要做一下说明。

我想让非专业的读者在阅读时也能够明白这些危险人格的特点，并且不受文化背景的影响。如果用“精神变态”来代替“掠夺型人格”，也许会更简单（有些朋友建议说，这样的专业术语会有助于本书的销售），但“精神变态”这个词已被滥用，甚至有些专业人士在使用这些术语时也十分随意；而那些较为审慎的专业人士都认为，更为确切的表达——亦是世界卫生组织的标准用语——应该是“行为失常”、“反社会”、“反社会型人格障碍”。

在医学和心理学专业文献中，“精神变态”、“反社会”、“反社会型人格障碍”、“行为失常”这些词的意义有着清晰的区别，而用这些词对某个人进行鉴定时，需要对心理健康专业知识或研究有一定的了解才行。

然而，这些词连专业人士都会觉得复杂难懂、不易区分，更不用说普通读者了。所以我才决定使用“掠夺型人格”这个词来代替，用这个词来概括那些“捕食”别人、利用别人、无视规则、无视他人权利和尊严的人再合适不过了。

同样的，普通人很难理解“边缘型人格”、“表演型人格障碍”、“行为失常”、“抑郁狂躁型忧郁症”等专业词汇的意义，所以我就选择用“情绪不稳定型人格”来对其进行概括，以帮助大家理解。

此外我还意识到，像“边缘型人格”和“表演型人格障碍”这样的词已经具有负面意义和内涵，使用时常常带有贬义，且不利于本书意旨的阐述。考虑到以上原因，我就没有使用这些词汇。

使用“自恋型人格”和“妄想型人格”这两个词汇是因为它们的使用范围已经非常广泛，并且为人所熟知（这要归功于诸多神话传说和文学作品）。

危险人格清单

在我的实际工作中，根本不会有机会用几天甚至几周的时间对某个人进行审查评估。我们工作中的各种决定——调查、锁定、跟踪、询问、对证、拘留、逮捕等，都是在一瞬间做出的。在跟绑匪交涉时，警察不可能说：“稍等片刻，我们得咨询一下专家委员会，了解一下你究竟属于什么人格，那样我们就知道该怎么对付你了。”那简直是天方夜谭。现实的生活是实时发展变化的，做出决定只在瞬息之间。

我们对人类行为的常识在危急关头至关重要，但更重要的是那些日积月累的、有关危险人格行为模式的信息。多年以来，通过与危险人物以及与专家和受害者的交谈，我终于能将这些危险人格以清单的形式总结出来，在FBI每天都要面对的高危情况中对形形色色的恶人进行评估。

先前只有少数FBI精英侧写专家才知道的知识，以及多年来我屡试不爽并精心总结的绝技，都在你手中的这本书里。

在书中，我将结合日常生活中的实例、我曾处理过的案例以及媒体报道的事件，逐章介绍四种具有危险人格的人的典型特征、行为模式、给人的感觉、出没地点、与人接触的方式等情况。在每一章结束时，我都用浅显易懂的语言描述了某种危险人格的表现形式，亦即“危险人格清单”。此份清单中还包括一个简单实用的评分系统，利用这个评分系统，大家可以评估某个人的行为属于此类危险人格的何种程度：轻微、中等还是严重；换句话说，即“惹人烦恼”、“阴险狠毒”、“非常危险”。

“危险人格清单”将帮助大家：

◎知道常见的需要保持警惕的人格特征和行为方式有哪些；

◎了解什么样的特征、行为、事件看似平常，却暗含危机；

◎预见到具有危险人格的某人下一步会做什么；

◎明白与具有某种危险人格的人相处的威胁等级如何。

每份“危险人格清单”都极具针对性，并且非常详细，甚至比心理健康专家用于诊断人格障碍的测试表还要全面。

大家在阅读本书、使用“危险人格清单”进行评估测试时就会发现，本书与其他同类书籍不同，很少使用数据进行描述。对此我有充分的理由。一旦我们说某某危险人格类型占了总人口的1%或6%或2.8%时，那就会把读者注意力的重心误导到统计学概率上面去，而偏离了真正的重心——危险人格的行为特征。那时就会有人说:“哦，跟具有这种人格的人相处的话，有96%的可能性是安全的，所以不用担心嘛。”这是很危险的。很多烟民正是如此，他们自欺欺人地盯着未患肺癌的烟民概率，却对自己的行为和生活方式会导致肺癌这一事实讳而不谈。这种心态是最要不得的。随便在某处——街头、工作中、车里、家里、卧室里——与某人的某次偶遇，都有可能毁了你的一生。所以，在本书中我们关注的是行为特征，而非数据和概率。

在研究中我还发现，某种心理障碍常常会在某种性别的人身上体现，或者与某种性别的人相关。比如说，反社会型人格障碍往往发生在男性身上，而边缘型人格障碍往往发生在女性身上。这两种心理障碍的行为特征很多都可归入“掠夺型人格”和“情绪不稳定型人格”中，这一点在后文会有具体阐述。而与目光狭隘地只盯着统计数据一样，将某种心理障碍或危险人格类型与某个性别挂钩也是极不妥当的。我们不想被数据和性别偏见蒙蔽了双眼，我们关注的是行为特征；危险人格的类型完全可以用行为特征来定义区分。

☀ 重要提醒

在阅读本书时，大家一定要牢牢记住：我乔·纳瓦罗不是一个心理健康专家，这本书也不是一本心理诊断手册。我的专长是观察、破译人类行为。本书是一本记述类型的书，教大家如何通过观察他人行为来辨别危险人格，它还是一本教你如何自我保护并保护亲人的书。

介绍心理疾病、变态心理学、人格障碍及其可能的成因、治疗手段的优秀书籍和材料有很多，但本书与之大不相同。如果你想站在学术的角度去了解、学习这些知识，还是选择那些书籍材料较好。本书内容来自我担任 FBI 特工时的归纳总结，因为工作性质，我们要频繁地跟各类危险人格——或是作为调查目标，或是作为调查线索——面对面打交道。所以，本书内容与医学无关，那是心理健康专家的事。

很多同类书籍着眼于探索危险人格的成因，但在本书中你找不到类似论述，原因很简单：如果有人以每天欺凌羞辱你为乐，或骗光了你的全部身家，或调戏骚扰你的孩子，或用腰带勒你的脖子……这时去分析其人格成因有什么用？临床医生和研究人员才对这个感兴趣，而我们普通人关心的，首先是自己的安全和亲人的幸福。

在执法部门工作的几十年里，我总结出一个经验：对疑犯的人格了解得越多越深，将其绳之以法或阻止其继续作恶的可能性就越高。例如，在绑架人质事件中，如果能知道他是妄想型人格、掠夺型人格、自恋型人格还是极度情绪不稳定型人格，那么我们就能知道该选择何种方式和时机与之交涉；除此之外，这些信息还能帮助我们选择以何种行动方案来解救人质。了解疑犯的人格类型往往能使我们预知可能出现的结果，因为人格特征决定着人们的行为倾向。因此，在行为分析界流传着这样一句话："过去的行为是对未来行为的最好预测。"或借用伟大思想家亚里士多德阐述人之本性的一句名言——

"现在的我们是过去各种重复的行为塑造而成的。"

所以，如果你要探寻的是危险人格的"成因"，那你不会在本书中找到解答。但是，如果你想了解这些人的思维和行为，如果你想保护自己、保护亲人和事业，那就以阅读本书作为开始吧。

正式开始前的最后一点说明

对待任何人都要心怀尊重，言行要合乎道德标准，这是我做人的准则，也是所接受的教育和培训的基本原则；此外，我还坚信，作为社会的一员，谁都没有承担被人伤害的责任和义务。这就是我写作本书的原因。我关心的只有一件事——大家的安全和幸福。我关心的是你、你的儿女、你的父母、你的祖父母与外祖父母……我不愿他们受到伤害。

我不是要耸人听闻，而是想用知识把大家武装起来。我想在大家脑子里装上危险人格“警报器”，在你或亲人受到伤害之前就有所察觉；若是正在遭受侵害，则帮你远远地避开他们，逃离其魔爪。我想帮大家建起心里的“安全雷达”，在探测到危险行为时，会给你发出警告：当心。提防这个人。先缓一缓。别相信他……

如果大家都能有这份警觉性，那么我们的社会就会安全很多。这样的话，也许那些危险人格所引发的惨案和浩劫能够得以长久平息。

如果读过本书之后，你学会了如何识别那些会给你带来身体、情感、心理、经济等方面的伤害和损失的危险人格，并知道该如何自保的话，那么我写作本书的目的也就达到了。

特别提示

每次与受害人交谈时，我都对他们遭受的苦难深表痛心，也深知需要保护他们的隐私和尊严。所以，本书中的受害者用的都是化名，而为了保险起见，我连事件经过、日期、时间、地点等都做了细微改动，因为现在有些警方报告和离婚文件是可以通过关键词（词组）搜索到的。总之，在不影响事例的特征或方式的代表性这一前提下，我尽最大努力保护了事件受害者的隐私和尊严。

—— 前言译注 ——

1 用于牙齿矫正，又称牙套。

2 原文为 Dennis Lynn Rader，1945 出生，美国连环杀手，在 1974 年至 1991 年间于堪萨斯州塞奇威克县威奇托地区最少虐杀了 10 人。他有 BTK 杀手之称，意即“绑、虐、杀”(Bind, Torture and Kill)。他在犯案后均会向当地警方和报馆寄信，以 BTK 为署名声称曾作案，并在信中讲述案件详情。他于 2005 年 2 月 25 日在其寓所附近被捕，同年 8 月 18 日被判 175 年有期徒刑。

3 受金融财团雇佣来保障商业运营中不会发生利益冲突并保障经营符合所有的法律法规的专业人士，往往由律师担任。

4 曾为英国女王伊丽莎白二世等多个世界元首驾驶专机，后担任加拿大某空军基地最高长官。被控谋杀、非法拘禁、私闯民宅、强奸等共计 88 项罪名。

5 2007 年 4 月 16 日在美国弗吉尼亚理工学院暨州立大学发生的两次枪击事件，连同凶手在内共有 33 人死亡，并至少造成 23 人受伤。这是美国历史上死亡人数最多的校园枪击案，也是美国建国 200 多年来最严重的枪击事件。枪击案的凶手为该校大四英语系的韩裔学生赵承熙，他最后在诺理斯教学大楼里自杀身亡。

6 1999 年 4 月 20 日于美国科罗拉多州杰弗逊郡哥伦拜恩高中发生的校园枪击事件。两名青少年学生——埃里克•哈里斯和迪伦•克莱伯德配备枪械和爆炸物进入校园，枪杀了 12 名学生和 1 名教师，造成其他 24 人受伤，两人随即自杀身亡。

7 2012 年 12 月 14 日美国康涅狄格州桑迪胡克小学发生枪击案，造成包括凶手在内的 28 人丧生，其中 20 人是儿童，警方还在凶手家中发现了其母亲也被杀害。枪手为男性，名为亚当•兰扎，家住新泽西州，其母是桑迪胡克小学的教师。这是美国历史上死伤最惨重的校园枪击案之一。

8 2011年7月22日发生在挪威首都奥斯陆市的爆炸事件及数小时后发生在于特岛的枪击事件。当地时间15时26分，位于奥斯陆市中心的挪威政府办公大楼附近发生爆炸，爆炸发生2小时后，在位于奥斯陆以西约40公里处的于特岛发生枪击事件，一名装扮成警察的枪手向挪威工党青年团夏令营的人群射击。两起事件造成92人当场死亡、数十人受伤。疑犯是32岁的挪威人安德斯•贝林•布雷维克，他是一名有自恋倾向的极右排外激进分子，当场被捕。

9 “77个”是于特岛枪击事件截至当地时间25日上午的死亡数字。

10 前纳斯达克主席，美国历史上最大的诈骗案制造者，其操作的“庞氏骗局”诈骗金额超过600亿美元。2009年6月29日，麦道夫因诈骗案在纽约被判处150年监禁。

11 1944年出生，曾在宾夕法尼亚州立大学橄榄球队任助理教练，涉嫌于1994年至2009年性侵至少10名男童。2012年6月22日，宾夕法尼亚州一个陪审团认定桑达斯基性侵男童等45项罪名成立。

12 指企业工作人员利用职权违法犯罪，如贪污、行贿、逃税、做假广告、侵犯知识产权等。

DANGEROUS PERSONALITIES

NO.1 第一章

“我就是一切。”

（自恋型人格）

在所有被轻率使用的人格标签中，“自恋”这个词的滥用程度最高，而了解其真实含义的人却最少。这个词最早可以追溯到遥远的古代[1]，但其真正含义却深奥复杂。

很多人认为，所谓“自恋”就是用自己的名字为酒店命名，或者总是流连于聚光灯下——比如在真人秀节目中露面等。的确，很多人都喜欢万众瞩目的感觉，但我所说的“自恋”远非自我陶醉那么简单，因为自恋的人言行里透着狠毒和危险。在下文中，我将用“自恋者（自恋狂）”和“自恋型人格”来称呼他们。

自恋型人格眼里只有他们自己和他们的需求，什么好事都得把他们排在首位。大家都喜欢被人关注，但自恋者对关注的渴望达到了狂热的程度，甚至通过摆布他人、操纵局势来达到这一目的。正常人都是通过刻苦努力来获取成功，而自恋者的成功都见不得光，为了取得成功，他们不惜欺骗、撒谎、歪曲事实、投机取巧，毫不关心自己的行为会给别人带来什么影响。

此类人格分布在社会的各个阶层，从底层到上流，到处都有他们的身影。而残酷的历史事实告诉我们，那些身处高层的自恋狂曾多次挑起战火，导致哀鸿遍野、生灵涂炭。他们很可能就在你隔壁的格子间里办公，在酒吧的吧台前坐在你身旁的高脚凳上，也可能和你生活在同一个家庭、同一支球队、同一个教室，甚至在同一个灵修小组里。

在《灰姑娘》这则经典的寓言故事中，灰姑娘的后母和两个同父异母姐姐身上所表现出来的便是典型的自恋狂特征：自私自利，以牺牲别人的幸福来满足自己的私欲。《灰姑娘》的故事最著名的版本出自迪士尼，但古今中外共有 300 多个类似的故事[2]。很显然，在很久很久之前，在很多语言文化里，都觉得有必要告诫人们去提防自恋型人格。

具有自恋型人格的人同灰姑娘的后母和两个同父异母姐姐一样，他们看不到自己身上的缺点错误，一副高高在上的样子，肆意诋毁和折磨那些拒绝“仰望”他们的人。迪士尼版本的《灰姑娘》有一个魔幻般的欢乐结局，然而现实生活中却没有仙女婆婆或白马王子来救你于水火。在与自恋型人格相处时，我们的安危就掌握在自己手上。

自恋型人格的特征

自恋不同于自信。真正的自信是一种令人钦佩的精神力量，而自恋型人格的自信只是狂妄自大。这是一种性格缺陷，只会结出两种恶果：一是自以为是的想法，二是对私欲的狂热追求。而不论是哪种结果，都需要别人为之付出代价。

有些自以为是的想法是对社会有益的。电的发明和登月计划就是两个典型的例子；沃特·迪士尼当初也有一个自以为是的想法——一个老少皆宜的“梦幻”乐园，这样才有了迪士尼乐园、迪士尼世界和艾波卡特。

但自恋型人格的自信与上述的有天壤之别。我们以吉姆·琼斯[3]为例，他的想法就是圭亚那的“琼斯镇”：一个能让他被信众奉为崇高领袖的“世外桃源”。而进入琼斯镇的“入场费”则是你的毕生积蓄和自由意志。此外，你还得与900多名信众一起，在其丑恶败露之后陪葬。

在以上两个实例中，前者的结果是建立了一个能让我们圆梦的地方。而后者也是梦想成真，实现的却是噩梦。其区别并不在“想法”上面，而在其背后的人格类型和性格缺陷上面。前者是为大家寻求快乐和满足，后者谋求的却是追随者和私欲。这也是我要为大家揭露的自恋型人格的特征。

自我中心

每个人的童年都经历过一段特殊的时期，那时的我们就是世界的中心，可以任意求取，为所欲为。从本质上来讲，自恋型人格似乎从未从这个时期“脱壳而出”变为成年人。他们仍具有这种儿童一般的索取欲望，为了身处关注的中心而做出荒诞不经、不可理喻的事。

这种人喜欢在会议、聚会、家庭活动等场合迟到，任凭大家牺牲时间精力等着他们的到来。接着，他们会旋风般闪亮登场，只为吸引大家的注意力。在跟别人说话时，他们会毫无顾忌地向你明示或暗示“我就是这里最聪明的人”。有些自恋者喜欢厚颜无耻地自抬身价，习惯性地向你提起他们认识什么什么人、跟什么什么人共进过午餐……只为让你明白他们有多么厉害。

外表对自恋者来说至关重要。大家会发现这种人非常迷恋照镜子。他们对自己的外表看得非常重（因此会痴迷于健美塑身或整容手术），并且利用外表来吸引别人的关注，或者是让自己成为聚会的焦点，或者是让每个见到他们的人都能看到：不管是什么物品，他们的总是最好、最大、最贵的。

有些自恋者总是一副卓尔不群的样子，但事实上他们的成就不值一提。但这并不能影响他们的优越感，他们仍把自己当成伟大的发明家、艺术家、音乐家、思想家、领袖、歌唱家……一旦不遂心意，就立刻把责任推到别人身上，从不在自己身上找问题。也许现实中他们会犯错、不能胜任工作、不讨人喜欢，但他们绝不会承认这一点。在他们眼里，整个单位、整个社会、上司老板、全体选民，甚至整个世界都在与他为敌；错的总是别人，因为别人看不出他们有多么伟大。

若是从他人那里得不到预想的尊崇，他们的反应就会跟小孩子生气一样：闷闷不乐、发牢骚、恼怒，有时候还会动手打人。他们会口出恶言，妒忌怨恨，睚眦必报——这就是他们的天性。

自视过高，看低他人

因为他们觉得自己与众不同、独步天下，所以就认为别人都是卑微渺小的。因此，他们尤其擅长于抬高自己、贬低别人——他们把全世界都踩在脚下。也正是这个原因，美国酒店大亨利昂娜·赫尔姆斯利才得了一个"刻薄女王"的绰号。但她并非仅仅刻薄那么简单，据传，只要不入她法眼的人，别想看到她露出好脸色，这倒是跟现在学校里的恃强凌弱极为相似。

如果这种恃强凌弱的行为呈上升趋势，且欺凌的后果（如学生、员工因害怕受欺负而旷课、旷工，情绪沮丧，焦虑不安，甚至自杀等）愈演愈烈，那么这种事就绝不仅仅是意外了。很多临床医生都认为，自恋型人格占总人口的比重已经增多，随之增长的就是恃强凌弱的现象，因为欺凌弱小正是自恋型人格的特征之一，二者是如影随形的。

现在，自恋者甚至都不用在你面前就能贬低你。2013 年 9 月 9 日，12 岁的瑞贝卡·塞德维奇从佛罗里达州波克县一个废弃的水泥厂楼顶跳下自杀了，据说是因为在网络上受到了侮辱（网络暴力）。若是有人总在抬高自己、贬低他人（自恋型人格的普遍特征），那么这种惨剧就会层出不穷。

自恋者有种不可思议的能力，他们能捕捉到别人的弱点和短处并加以利用，借此贬低别人抬高自己。这种事他们往往做得非常狡猾隐秘，比如：看到你戴了新手表之后，立刻设法把话题转移到他们更为昂贵的手表上去；来参加你组织的户外野餐时，他们会说："什么？！连牛排都没有，只有汉堡？"其声音之大足以使在场客人全都听到……他们才不关心你有什么感受，踩着你才能站得更高，好让别人看到自己。

这种人要上台做演讲时感觉到排在他后面的人有些紧张，他们会说："排在一个伟大的演讲家之后上台一定很难受吧，我很同情你啊。"这种事绝不是编造出来的，因为我在新奥尔良做演讲时就曾碰到过这样的人。

有时候，自恋者会在公共场合、社交场合、孩子的运动会上当众斥责妻儿，从而暴露其本性。如果他们在大庭广众之下都能这么做的话，想象一下，在没有外人在场的家里他们会是什么样子？

或者他们会带着尖刻的冷漠，语带鄙夷地评论某人是多么愚蠢无能。他们会厉声对身旁经过的侍者呼来喝去，然后若无其事地转过头来与你微笑交谈。几年前，我到洛杉矶参加一个活动，当时麦克风出了点故障，一个演讲者当着 150 名与会者的面、尖着嗓子训斥会场的服务人员：“我大老远过来不是来丢人的！快修！”大家都瞠目结舌……不论是目击者还是当事人，每当看到这样的行为出现，你应该立刻明白，这就是自恋型人格的表现。

没有同情心，只有傲慢自大和优越感

自我感觉高人一等的人，其同情心是匮乏的。常人在孩童时代就懂得去体谅别人的感受，明白我们的言行对别人的影响。而在这种人身上，同情心或体谅他人处境和感受的能力是有限的，甚至根本就没有。也许你正身处水深火热之中，但他们对此却视而不见，因为在他们心里，什么都比不上他们的需求和欲望重要。再比如，你要在家照看生病的孩子，可他们却让你陪他们去逛街购物……事实上，具备自恋型人格的人把他人的需求、疾病和错误都看作弱点，正好借此来巩固他们的优越感，使其贬低他人的行为显得名正言顺。

有些具备自恋型人格的人会不时显露出傲慢和不逊，这些在他们的言谈举止中都有明显的线索。而在其他具备自恋型人格的人身上，所谓同情是被安排好的，似乎只为特定目的出现——比如说，你生病请假了，这时上司打来电话问你的病情如何，其实他真正关心的是你何时能回去上班。这些行为看似体贴关怀，可最后你才发现，他们对你的生活和幸福的兴趣只是在做表面文章；若这些兴趣和关心是真的，那么只有一个可能，那就是你影响到他们的利益了。

还有一些人的自恋型人格隐藏得很深，只有到了危难时刻，他们自私自利的面目才会浮出水面。

2010 年 4 月 20 日，英国石油公司的“深水地平线号”钻井平台发生爆炸，泄漏的原油污染了墨西哥湾，11 名工人死亡。这是石油工业史上最大的海油泄漏事故。同年 5 月 30 日，在谈到此次灾难及其影响时，英国石油公司的 CEO 托尼·海沃德对记者说：“对此次事故给大家的生活造成的巨大破坏，我们深感抱歉。我才是最想让这场危机尽快结束的人，我想让我的生活恢复原状。”他这一番话，用“惊世骇俗”来形容再合适不过了，这是旷古未有的环境灾难，还夺去了 11 个人的生命，而海沃德心里想的却是“让我的生活恢复原状”。有时候，等到自恋型人格说出“对我而言，除了我自己，什么都不重要”这句话时，我们早已付出沉重的代价。

所以，跟具有自恋型人格的人相处得越久，你就越能发现，他们真的一点儿都不在乎你。他们对你的事一直不闻不问，他们想要的，是你对他们的关注、对其需求的满足、对其“旨意”的听从。但另一方面，因为他们对自己的形象格外留意，所以在很多情况下，他们的行为会相应收敛一些；但这种蛰伏只是一时的，他们的真面目最终会大白于世。

自恋者如果表现得温柔体贴、积极热情，那也只是为了达到自己的目的，而非发自本心。在电影《好家伙》（*Good fellas*）中，亨利·希尔向凯伦大献殷勤，带她去高档餐厅吃饭，最好的座位、最好的食物、最好的酒，无须排队等候……此时的他，眼里只有凯伦。可结婚之后，一切都烟消云散了。这个自恋狂已经用尽心思得到了想要的东西，所以，当看到他总是带着女人的香味醉醺醺地回到家中时，又有什么好奇怪的呢。妻子想要什么无关紧要，重要的是他已经得到她了。他曾经的关怀和体贴只是诱捕的工具，不是真的。

在现实生活中也有这样的例子。前文曾提到的金融家伯纳德·麦道夫就是利用他的人脉和朋友来骗取人们的信任，将其网罗在"庞氏骗局"中大谋其利。与具备自恋型人格的人相处，你所期盼的和你所得到的之间存在巨大反差，这就是那个残酷的事实：你希望能被他们当作朋友平等相待，但自恋者的词典里绝无"平等"二字，对他们来说，朋友就是用来利用的，朋友的存在价值只有一个，那就是满足他们的需求。

最危险的自恋狂是那些极度缺乏同情心又自大到近乎变态的人，他们辣手施虐，毫不留情。这种人一点儿良心都没有，只会像蚂蟥一样吸取他人情感、经济甚至身体的营养、占尽便宜。如果你遂了他们的意，那你对他而言就是个称心之人，不然，可就是个累赘了，那时你就成了他们贬损，甚至毁灭的对象。有时候我们在报纸上读到，有的父母把亲生孩子或者锁起来，或者遗弃，或者干脆杀掉，仅仅是因为孩子成了他们玩乐的拖累。这种人首先就是一个自恋狂：目空一切，冷漠地贬低他人。

这种冷漠的行为在最近大城市等地方出现的“一击 KO”[4]中可见一斑。要做出这种毫无人性的事，首先就得习惯于藐视他人，而后者正是自恋型人格的显著特征。

投机取巧、歪曲法规、毫无顾忌

因为自视过高，所以，自恋者认为他们不必跟常人一样付出努力，而是寻找捷径或游离于法规之外。有时候我们会在新闻里看到这样的报道：某某政客传出绯闻、拒绝承认私生子（如美国前参议员约翰·爱德华兹）；或是把公款转到私人小金库里（如美国前众议员小杰西·杰克逊）；或是以权谋私买官卖官（如伊利诺伊州前州长罗德·布拉戈耶维奇）。

曾有一位公司领导跟我说起他雇用的某个经理的事。这个经理刚来的时候还表现得很好，业绩也不错，却突然间变得爱调戏女同事，就像一下子被情欲冲昏了头脑一样。每个公司员工都知道这种行为是绝不允许的，但在对质时，他就变得非常愤怒，辩解说自己的行为没有违反雇佣合同的任何条款，他的行为只是友好的表现……记住，具备自恋型人格的人认为自己永远不会有错，因为他们是高人一等的；当有人指出他们行为不当时，就会触怒他们。

为引起别人的重视，有些具备自恋型人格的人会为自己编造一些光环。比如，他们会说自己是个美国海豹突击队[5]的特种兵，曾获得多个荣誉和嘉奖，但事实上他们根本没当过兵；当然，你也找不到有力的证据来揭穿他，因为他们的工作属于“国家机密”。冒充战斗英雄是一件很恶劣的事，因为这是对军人的侮辱；更有甚者，有些自恋者会假冒成医生、飞行员或其他专业人士，人们听信了他们的谎言，就把自己的健康、生命或积蓄托付于他。这是对信任的辜负，对道德的出卖。这种恶劣行径会腐蚀我们的社会，而以我的经验而言，做出这种事的人大多属于自恋型人格。

自恋者擅长于迷惑和哄骗他人。克里斯蒂安·卡尔·哥哈慈里特就是这样。他从德国移民到美国，改名叫“克拉克·洛克菲勒”，声称自己是洛克菲勒家族的成员。后来他与受人尊敬的女企业家桑德拉·博斯结婚并生了一个孩子，再后来桑德拉发现了事情的真相，要与他离婚，他就绑架了自己的孩子来做要挟。什么样的人会做出这种事呢？——不成器却渴望被人重视的自恋者。

我记得曾有一位名叫萨拉的女士来FBI寻求帮助。因为所牵扯的是跨州作案，所以局里派我接她的案子[6]。萨拉是个寡妇，刚刚供第三个（也是最小的那个）孩子上完大学。因为闲暇时间多了，她就有心思干点别的，并很快迷上了一位刚刚来镇上传道的牧师。后者对宗教极为虔诚，见多识广，与人为善，乐于结交朋友，这些“优点”都深深吸引着萨拉，而他也殷勤地请萨拉协助他建设教堂。萨拉把自己30000美元的积蓄都交给了他，可是刚刚把钱给他，他就不见了。

三年过后，我跟萨拉谈起这件事。此时的她仍未从那次诈骗中缓过气来。她的积蓄都没了，孩子们也因为她跟很多中老年妇女一样被一个骗子利用而懊恼不已。同样令人伤悲的是，萨拉说经历了这件事之后，她对宗教不再那么虔诚，也不敢再相信别人了。

自恋型人格的自大没有边际，也没有明晰的界限。自恋者总是在不断挑战他人、法律、规则、社会规范的底线。他们把社会看作木偶剧的舞台，而把自己看作操控木偶的大师，把他人看作手中的木偶，通过命令、指示、操控、利用别人来达到他们的目的。比如说，在跟自恋者约会的时候，在他看来，你的调情、挑逗、接吻、爱抚都是性引诱，也许你想把亲昵程度保持在某个限度以内，可他却觉得想干什么就干什么。所以，对他说“不要”和“住手”是没有用的，对他而言，你不是让他停下来，只是想慢下来。所谓自恋者没有界限感，就是这个意思。

当你听到又有一位CEO在说到公司经济状况时夸大其词，把公司员工的经济利益置于险境时，你看到的就是一个自恋者。美国历史上最大的破产案——2001年安然公司[7]破产事件的罪魁祸首就是杰弗里·斯基林和肯尼斯·雷。他们俩均被判处欺诈和共谋罪。但对受骗的股东、那些听信了他俩的花言巧语往这个黑洞里投资的20000多名公司员工来说，这种判决只是一点点心理慰藉罢了。他们丢了工作，也失去了毕生的积蓄。要做出这样的事，需要有骇人的特权感、自大感，以及极度缺失同情心，而这些条件在具备自恋型人格的人身上都得到了满足。

那些性侵孩子的牧师、营队辅导员、学校教练，其实就是不尊重人权的自恋型人格。大家是否注意到了：在恶行败露被捕时，他们从不道歉。因为他们从一开始就觉得自己有权力这么干。性侵多名男童的宾夕法尼亚州立大学橄榄球队助理教练杰里·桑达斯基就是具备自恋型人格的人，也是一个可悲的人，他把孩子们看作他的主题乐园。从他口中未听到一句道歉的话，犯下如此罪行还不知悔改，终身监禁和人们的唾弃还是太便宜他了。他也许是个称职的教练，但却不是个好人——这也是具备自恋型人格的人的病态。

控制欲

大家有时会开玩笑说自己是个"控制狂"，但是，如果你真的有个控制欲强的上司或配偶，是绝对笑不出来的。玛蒂尔达爱上了一个跟她一样来自拉丁美洲的帅气的男人，他外出工作，她在家操持家务，家里的收支都是他来负责。开始时一切都还顺利，但过了一段时间，玛蒂尔达就感到被他管控得喘不过气来。她厌倦了每次买生活用品、新衣服、圣诞礼物都得跟他开口要钱，但每次她提起这件事，他都会说：“我不是管得挺好吗？又没缺你少你的，这种事不用你操心。”

不久后他就离开了玛蒂尔达，投入另一个女人的怀抱。回顾事情的经过，开始时他似乎对玛蒂尔达悉心照顾、慷慨大方，从而把她牢牢控制住，玛蒂尔达连家里有多少存款，甚至钱存在哪里都不知道。结果到了现在，50 多岁的玛蒂尔达得同时干着好几份工作才能维持生计。她没有存款，没有信用卡，没有退休金，而他却对她的求助视而不见。她的自我价值跟经济价值一样，跌到了谷底。玛蒂尔达痛哭着告诉我：“我什么都没有了，我把什么都给他了。”她信任他，但他却践踏了她的自由和尊严。事情怎么会发展到这步田地？类似情况都是这样：跟自恋者一起生活，就是一步步迈向深渊。

在工作上，自恋者往往寻求那种能够控制别人的职业或职务。所以，他们大多从事法律、医药、政治行业，或是在其他行业担任高层行政职务，这样他们就能利用等级或地位来做利己的事。我记得为 FBI 招募新人时曾面试过这样一个人，他说：“等我拿到那个 FBI 警徽，就再没有人敢找我麻烦了。”不消说，他刚一出门，我们就把他的申请否决了。自恋型人格在找工作时倾向于那些能赋予他们权力和权威的职位，其目的在于控制别人，而不是帮助他人，这种事很常见。

其实归根结底，职位和头衔的高低不是问题的关键，不管是何种职位、头衔，具备自恋型人格的人想的总是对其加以利用为自己谋利。当你在新闻中得知某某俱乐部、组织、机构、团体、协会的某成员是个以自我为中心的“暴君”，或某人多年来一直在贪污挪用公款……你应该在第一时间反应过来，这个人是个自恋者，这就是具备自恋型人格的人的行为方式。

自恋型人格的特征词汇

多年以来，我一直从那些与具备自恋型人格的人一起生活过、工作过，甚至受其所害的人那里收集描述词。下面列出的词就是来自我曾交谈过，或找 FBI 或我个人寻求帮助的人之口。在回应我的要求、用某个（些）词语来描绘那些人格时，他们也许做不到“政治正确”[8]，也不懂什么医学和心理学术语，但他们的话都是发自内心，源于亲身经历的苦痛和恐惧。以下词汇是他们所述描述词的引用，我并未作任何删减修饰和改动。也许你觉得有些词跟你认识的某个人很相符。这些词本身就具有一定的启发意义，如某人能与之挂钩的话，那就是你该留意提防他的时候了。

口出恶言、善于表演、装腔作势、好斗、不道德、自大嚣张、巧舌如簧、哄骗、胡说八道、欺凌弱小、爱算计、无情、有魅力、善变、迷人、欺骗、聪明、冷淡、骗子、暗地使坏、傲慢、控制欲、罪恶、残忍、狡猾、危险、虚伪、迷惑、没人性、可悲、不诚实、狡诈、搅事、分心、跋扈、自我中心、讨厌、利用人、大胆、假惺惺、诡计多端、油嘴滑舌、浮夸、夸张、假装无辜、敌意、冒名顶替、不顾及别人、冷漠、不忠、冷血、伪善、热情、风趣、胁迫、令人厌烦、不可靠、急躁、易怒、作威作福、目无法纪、撒谎、不可爱、不择手段、好指使人、刻薄、迷惑人、自恋、纳粹、道德败坏、寄生虫、爱虚荣、恋童癖、花花公子、捕食者、掠夺、占有欲、冒牌、光芒四射、毒蛇、爱冒险、统治者、尖刻、性感、利己主义者、肤浅、演技出色、谄媚、优雅、阴险、卑鄙、浅薄、诈骗犯、不得体、喜怒无常、歹毒、两面三刀、暴君、死不认错、不关心、不感兴趣、靠不住、寡廉鲜耻、没有同情心、丑恶、报复心重、小聪明。

自恋型人格对他人的影响

刚开始接触具备自恋型人格的人时，我们很难察觉其异样，因为他们可能具有很多优点，如：聪明、迷人、风趣，甚至闪耀着“无所不能”的光彩。他们乐于向那些对他们有用的人施展魅力，但其本来面目最终还是会显现出来。

有时候，你能看到他们身上狂妄、自大、傲慢的明显迹象，这时你能意识到或感觉到有些不对劲；有时候，他们会表现得疏远、冷漠、架子大，你会因此感到不舒服；有时候，他们会麻木不仁，或者拒绝帮忙，或者不愿践诺。不论他们怎么做，结果都是一样的：你会感到别扭、痛苦，心里像被掏空了一样。

自恋者还暗中冷落你。他们会故意对你的重要成就不屑一顾，或对你的痛苦和挫折视而不见。通过这种蓄意的冷漠，他们将你的欢欣或痛苦置之不顾，任其自生自灭——因为他们对你的事一点点兴趣都没有。如果他们在乎了，那会让你感觉良好，而跟他们的目的就背道而驰了。

因为他们同情心有限，所以就像是个“半成品”，不断在寻找能使自己完美起来的人。但当他们找到这个人之后，情况再度急转直下，因为这个世界上没有人真正能让他们感觉遂心如意。反过来说，他们也不能使别人变得更好。如果你天真地以为能跟自恋狂正常相处，那你定将付出情感、心理甚至身体的损失。

以上就是具备自恋型人格的人会给他人造成的主要影响：烦躁、恼火、紧张、心累。他们把你的需求和欲望看作累赘和干扰，你个人的沮丧失意、压力、麻烦跟他们没有关系，但一旦他们不遂心了，你将立刻看到：翻白眼、嗤之以鼻、噘嘴、不耐烦、暴躁、气鼓鼓、咆哮，或者干脆转身就走——就像是个小孩，但有着成年人的身体。

有时你能立刻感受到与自恋狂相处的痛苦，有时候过了几秒钟才感到心口好像被捅了一刀一样（“他刚才干了什么？！”“他刚才说什么？！”）。也许你会在凌晨两点冷不丁地惊醒过来，那是你的潜意识对其行为和谎言的警报。有时他们的行为会触动你的第六感，使你隐约地感觉有点不对劲。每当如此，很多人都会感到心神不安或恶心想吐；有些人则是精神不振、心头沉重。曾有人这样对我说：“每次要跟那个人打交道，我都不敢吃早饭，我怕到时候会吐出来。”

如果你也有上述的几种负面感觉，当心。很多人从小接受的教育都是“对人宽容、不念旧恶”，对家人和朋友尤其要如此。而具备自恋型人格的人利用的正是这一点。他们屡次伤害你，屡次目中无人、志得意满，而留给你的是一次次的愕然无语、失意沮丧……这种情感伤害会令你在他们手心中慢慢耗成灰烬；为了自保，很多人选择了“断臂求生”。

具备自恋型人格的人会钻法律的空子做出过火的事。曾有一位女士为了家庭事务来 FBI 寻求帮助，可惜的是，从法律上我们帮不了她，只能建议她求助于社会服务。她说，好多年了，丈夫每次召开家庭会议，都逼着她和孩子们坐在地板上，听他劈头盖脸地对家里的某事横加指责。他像国王一样坐在椅子上，而她和孩子们则坐在地板上，听他的训斥，或是交代自己的错误。

最后，在尚未造成严重的心理创伤之前，她终于带着孩子逃离了他的魔爪，却是以经济上的巨大牺牲为代价。这个事例中的自恋狂，就是为了抬高自己而把家人都践踏在脚下。全国乃至全世界的警察局每天都会接到类似的报案，其细节不尽相同，但当中的自恋狂的动机都是一样的：牺牲他人，荣耀自己。

如果他们无法压制、贬低你，就会变得非常“恶毒”。克莱尔曾对我说起她的经理：“他总是一脸阴沉地走过我的办公桌，把要办的文件资料‘哗啦’一下扔在桌子上。文件全散了，桌子上的咖啡也洒了。他不管我正在做什么，我的办公桌在他眼里就是个垃圾倾卸场。让他气哭的人数都数不过来。把人气哭啊，什么人能做出这样的事？”

每次听说有妇女 / 小孩在公共场合被其丈夫 / 父亲打骂，或在家里遭受虐待，我首先想到的就是——这个家庭里有一个自恋狂，他贬低妻儿抬高自己，甚至殴打家庭成员。

海达·娜斯鲍姆及其养女伊丽莎白·斯坦伯格的遭遇就是与自恋狂一同生活的真实写照。娜斯鲍姆 1975 年认识了乔尔·斯坦伯格，用她的话说，当时她觉得斯坦伯格就是她“心中的男神”。娜斯鲍姆是一名图书编辑，她听从斯坦伯格的指点发展自己的事业，但跟他一起生活却远非想象中那么美好。他总是对她横加指责，对她的贬损甚至到了逼她像狗一样在地上四肢爬行的地步。他几乎每天都要打她，打得她的脸都破了相。1987 年，他在一时气愤之下迁怒于 6 岁的养女，将其打死。这个悲惨的事例告诉我们：跟自恋型人格共处的时间久了，就会变得顺从而麻木。检察官认为，娜斯鲍姆长久以来饱受斯坦伯格的残酷虐待，在看到后者向女儿施虐时已经“不能”挺身而出去保护那个无辜的孩子，也“不敢”去打电话叫救护车。娜斯鲍姆的反应正是“受虐妇女综合征”[9] 的表现。30 多年过去了，每当想起她们母女俩的惨剧，我都感到一阵心痛。

当然，并非所有与具备自恋型人格的人相处的人都会遭遇到娜斯鲍姆母女那样的虐待。但是我要提醒大家一件事：我所遇到的，所有与具备自恋型人格的人共处的人都曾对我说过——不管以何种方式，不论到何种程度，对方都绝不允许他们有一点点得意之处。那是一种什么感觉？用他们自己的话说——“卑微”、“渺小”、“低人一等”。这就足以说明问题了。

自恋型人格的人际关系

具备自恋型人格的人做不到像常人一样表达爱。对他们来说，“爱”是有条件的，不能白送；换句话说，就是“我为你做这件事，但我希望你能……作为回报”。对自恋者来说，“爱”就是 quid pro quo[10]——“交换”。不利己是不可能的。

从那些曾与自恋者相爱的人口中，我常常听到这样的描述：开始时他们都被那人的魅力、智慧、体贴等完美表现迷得晕头转向。其实对任何人来说，自恋者的气质和魅力都是无法抵挡的。但是一旦你把身心交付给他们，对方的魅力就会立刻消失殆尽，迷惘中的你始终无法把先前那个万人迷与眼前这个冷眉冷眼、颐指气使的人重合起来。

下班回家时，自恋者会要求只要他们一进门，所有人就得停下手里的事，听他安排。如果他们没有工作而待在家里，那么你的存在就是为了迎合他们的需要。并且，无论你做什么，他们都不会满足。

身为自恋者的配偶，你的外表、习惯、口味、喜欢的运动、个人能力等没有一样能得到他们的认可。他们的批评和苛责方式包括：嫌弃的眼神或表情、挑剔唠叨、私下或当着外人的面羞辱你。我曾问一位女士她丈夫多久批评她一次，她的回答发人深省："每天。我跟他在一起的每一天。在他眼里，我就没做对过哪怕一件事。他还教唆孩子们也来指责、嘲笑我。"

一个朋友（现已离婚）曾对我说，每次给前妻买礼物都要选上好几个小时，只为能让她称心。可当他把礼物送给她时，她却总是随手往柜子上一扔说："谢谢。"就像他帮忙端了一杯水给她一样。她连包装都懒得打开[11]。这件事看似微不足道，但很多年来她每次都这样，他也终于明白过来，她根本不在乎他，后来他才发现，她看中的并不是他这个人，而是利用他来发展自己的事业。这种贬低他人价值的做法与自恋型人格的特征相一致。想让别人感觉卑微吗？贬损其努力，拒绝其好意，对与其相关的事不感兴趣。自恋型人格正是这么做的，伤害也正是这么产生的。

具备自恋型人格的人不惜一切代价追求外表的光鲜，却会给他人带来极其严重的影响。米莉亚的遭遇就是这样。她到 FBI 寻求帮助，因为她丈夫已经移居海外，一分钱都没留给她。她想让 FBI 帮忙找到他，把联名账户里的钱要回来。据米莉亚所说，她的丈夫痴迷于购买高档住宅、豪车、名贵珠宝，还加入了两个乡村俱乐部。米莉亚说，当他突然开口要求她减少外出、缩减度假、少给孩子们买衣服、在食物方面也要减少花费时，她就觉得不大对劲了。前几个要求都可以容忍，可节衣缩食实在说不过去。他每个月要往乡村俱乐部里交 3000 美元会费，却要求家里这么节省。因为她没有工作，不知道家里的财务状况究竟怎样，于是就问他到底是怎么回事。他只是转过头随口答道:“我们破产了。”他们在银行里一分钱都没有了。

纵然欠下了数百万外债，他仍在自恋型人格的驱动下维持自己的公共形象。也就是说，他仍要每周做头发、修指甲，仍要保留乡村俱乐部的会员身份，而米莉亚却要在省吃俭用中“战战兢兢、惶恐度日”。最后，他跑了——撇下她和孩子逃离了美国，从此杳无音信；而米莉亚变得一贫如洗、山穷水尽，还背负着庞大的债务——因为有些贷款是他们夫妇俩共同签署的。从那时起，每接到一个债权人或律师打来催债的电话，她就为他的冷酷无情而震惊。最后，她终于在海外找到他了，可他是怎么说的呢？“我又不欠你什么。要不是我，这些年你能过得这么好吗？你跟着我住进了高档小区啊。你得感谢我才对。”

与米莉亚相比，金姆的经历虽有不同，却同样令人慨叹。我在一次活动上做完演讲时，她找到我，问是否可以跟我谈一谈她的事。她嫁给了一个比她大 9 岁的男人，这个人志向远大，在追求金姆时非常执着。最后，她和父母终于被其“热情”、“毅力”和对二人未来生活的宏伟计划打动了。

但结婚之后，无论金姆做什么都不能让他称心。起初他还只是在私底下侮辱她，骂她“无知、痴呆、愚蠢”；但很快，他就不避外人地对她恶语相向，令金姆颜面全无。他甚至连自己在政界的失败都要归咎到她的头上，却假装不知道——金姆及其父母也是后来才发现——他只是个牛皮精而已，一点儿本事没有，只会纸上谈兵。

她的朋友们都疏远了她，因为她的丈夫不喜欢跟“档次不够”的人相处，每次朋友来访都闹得很不愉快。金姆告诉我说，10 多年了，一个愿意到她家里来做客的朋友都没有，她也很少出门，生怕丈夫再去惹麻烦，也怕家丑外扬。

孩子们同样是在他的惩罚和责骂中长大，她也不愿去插手干预，除非“他的言行实在过分了”。大多数时间里，她听任丈夫对她冷嘲热讽、侮辱诟骂，似乎已经麻木了；因为，用她自己的话说，真去惹他会更麻烦，“不值得”。她还说：“跟他已经再没什么好争的，也没什么值得维护的了。”

金姆所遭受的虐待并非来自拳头或棍棒，而是日复一日的刻薄和羞辱。我看过她年轻时的照片，20 年前的她美丽快乐、容光焕发、充满朝气；我遇见她的时候，她还不到 50 岁，却早已身心疲惫、万念俱灰，脸上的沧桑和痛楚分明记载着 22 岁结婚以来的煎熬。她的心已经死了。我记得金姆和米莉亚都跟我说了同一件事，尽管表达不同，但意思是一样的：“要是结婚前我就看透他是什么人就好了。”

作为父母，具备自恋型人格的人并没有正常父母那种无私的爱。他们认为自己的一切都是完美的，所以，他们的孩子当然也得是完美的，所以，他们会逼着孩子样样都要做到最好，即便孩子不喜欢、不擅长也不行（为了获得父母的认可，孩子也会努力去做）。而他们的标准永远都没有尽头，“你怎么没得 A 呢？”“连大学代表队都没入选，你太差了”“我知道，你一定能做得更好的”……想一想那些“星妈”，想一想那些在孩子的足球赛上横眉怒目的爸爸，再想一想那些因孩子没能考入自己的母校、因女儿没能女承母志加入同一个女子社团而感到羞耻的父母……

或者，他们只把孩子看作换取财富和名誉的工具。比如说，他们会逼着孩子去参加各种选美大赛、体育比赛，让孩子上电视，或去参加公共活动、商业演出。他们口口声声说是为了孩子好，从不承认他们的自恋本性在幕后操盘手的声誉中获得快感。对自恋型人格来说，灯光最终是属于他们的，哪怕需要在孩子那里中转一下也行，但绝不能熄灭。

在我的一次行为学研讨会上，一个已经成年的孩子说了自己的经历。她的母亲是个自恋狂，残酷地逼着她去参加体育竞技，她的身心受到严重伤害，成年后就跟她母亲断绝了一切来往。她的感觉是“被利用了”，而这让她们的母女关系扯开了一道无法弥补的裂痕。

如果儿女在运动、学习、外表、顺从等方面表现不好，那么自恋型人格的父母就会开始疏远他们。最终，这些孩子会被他们看作累赘，而不是天伦之乐的源泉。

有些自恋型人格的父母把孩子看作奴仆。卡琳娜就是这样一个母亲。进入 50 岁之后，她开始从她所谓“社会底层”家庭收养孩子，并培养他们在自己家里干活。她对他们说（即使当着外人的面），等她老了，他们就得照顾她，因为是她“解救了他们”，这是他们“欠我的”。太可悲了，要贬低别人竟然是如此简单，对自恋型人格来说更是如此。最后，据负责这起案件的临床医生说，那些领养的孩子终于逃脱了那个自私女人的魔爪。但是他们已经受到了伤害。一个孩子就对法庭指派的法律顾问说：“哪怕是在孤儿院里都比这里好。那里虽然没有父爱母爱，至少我不会觉得像个奴隶。”

看到了吧，“灰姑娘”所受的虐待在现实中就有啊。

更有甚者。据有些不便透露的案件，有的孩子饿了没有饭吃，病了没有药也没有大夫，只因为他们那自恋狂父母嫌麻烦，或觉得没有抚养照料孩子的义务。这些孩子或者被拴在床上，或者被锁在屋内，或者被送给别人抚养，甚至被其父母杀死。

那些可怜的孩子简直令人心碎，他们总在拼命寻求父母的关注，哪怕是每隔几分钟，甚至几小时有一次爱的表现也好……却不知道他们的自恋狂父母永远都不可能像他们所梦想的那样来爱他们。长大之后，他们才意识到当初父母给予他们的爱和关怀是多么少，为此他们付出了何种代价又附加了什么样的条件。要是他们有事了，其父母或者是漠不关心，或者是说这样的话：“自己克服吧。”“没那么糟。”“别哭哭啼啼的，跟我的经历相比，你那破事算什么。”……

一个名叫阿曼达的女孩在读了我的书之后给我写信，向我寻求建议。早已成年的她仍摆脱不了自恋狂母亲所留下的情感阴影。当问及童年时，她告诉我，她“从来都没有感受过母爱”。从来都没有。那种感觉是多么令人难过啊。她觉得永远都不能讨母亲的欢心，在后者眼里，她做的事没有一件是对的。她的母亲总是在盘问、质疑、命令，从来不会请求、询问，或关心一下她的所需所想。现在，阿曼达总觉得自己没有价值、活得没有意义，却不知道为什么。在我看来，其原因要追溯到她母亲对待她的态度——在她看来，阿曼达百无一是，一文不值。

阿曼达的事只是类似童年阴影的冰山一角：如果你的母亲总是吹毛求疵，你该如何给她挑选母亲节礼物？如果你的父亲从未在乎过你，在寄给他的生日贺卡上该写什么？如果你搬走了，你会多久回去一趟，看看那个从不尊重你、从未给过你爱的父母？你会尽赡养的义务吗？在父母的葬礼上，你会说些什么？话说回来，你会去参加他们的葬礼吗？

有时候，一个毫无分寸的家长所抚养长大的孩子也会肆意妄为、没有界限；而其下一代会继续潜移默化地"吸收"其自恋心理，于是自恋的基因便一代代传下去。的确，冷漠是从父母那里"学"来的，在长大成人的过程中，他们不懂得同情和尊重他人，也会因为环境影响而变得恶毒，通过诋毁他人获得快乐。那么，若是这些孩子在其童年甚至成年之后都喜欢欺凌弱小，那又有什么可奇怪的呢。种瓜得瓜，种豆得豆啊。

与自恋型人格相处

不论是在你晋升时暗中使绊，还是在会议上以言语诋毁你，抑或是在排队时插队到你前面……自恋型人格毫不在乎他们是否给你造成了不便、损害了你的利益，或惹你生气，他们眼里的"天字号"问题只有一个，那就是他们自己。

每当得知某个老板、经理、教练、老师、同事等又摔门、咆哮、叫喊、尖叫、扔东西、欺负人了，我就知道，这一定是个自恋型人格。不管出于什么理由，以上行为都是不允许的；而对这样的人仍迟迟不予开除，其所在的单位或机构需要为此感到羞耻。心理上尚未断奶的成年人会给周围世界造成严重影响，并且，其权力越大，其影响的范围和程度就越大。

过于膨胀的自我使得自恋型人格拥有一种过于膨胀的占有欲。在我参与的一次 FBI 调查中，一名涉及高度敏感和机密内容的政府承建商联系我们寻求帮助，其计算机系统管理员控制了公司的计算机。通过查看多年以来他与上司的交流记录，我们发现，他喜欢吹嘘自己的重要性，总是说“我”做了什么什么，还不断强调“我的系统”“我的网络”“我的代码”“我的通信协议”等话语。这些东西当然都不是他的，他只是个普通员工而已，但他的自恋型人格却从中彰显无疑。几个小时之后，他们从外面找来专家重新夺回了计算机的控制权。这就是自恋型人格的员工所带来的问题。也许你的公司、资产、工作正岌岌可危，但他们对此视而不见，他们认为那些都是他的并继续我行我素，牺牲的却是你的利益。最后，我们不得不为其肆意妄为付出身体、心理或经济上的代价。

自恋并不仅仅意味着占有欲，它常常会升级到暴力事件，屡有发生，但鲜有告发。如你的上司朝你扔东西，拽你的胳膊，用身子堵住门，将一个员工一把推进他办公室里……可叹的是受害者从未向人告发此上司的行为，而这种事不是第一次发生，也不是最后一次；他对别人也是如此，但他的员工们都在说："我们已经习惯了他的横行霸道。"

所以他们就继续受他欺凌，发现问题谁都不说；有好点子也不说出口，因为怕被他讥讽；有价值的员工纷纷跳槽……有时候自恋狂的反常行为近似顽疾，别人甚至反过来替他掩饰，或认为那就是他们的一贯风格，或干脆原谅了他们，因为他们"太杰出"或"大多时候还是很好的"。不，不对。一点儿都不好。你将会为这种荒谬的借口付出惨痛的代价。

类似事件需要立刻记录或上报。首先要告知的就是所在单位或机构的人力部门。若是因为特殊原因无法上报，那就立刻记录下来，无论是身在何处，以何种方式——记在日程表上、写一封电子邮件给别人（甚至写给自己）、打电话……都要立刻把事情的经过——何时何地说了做了什么——原原本本记录下来或分享出去。

为什么要这样做？因为本性难移。万一情况持续恶化，到了内部审查或民事诉讼的地步，那么，谁保留了记录谁就是胜者，没有证据定将申辩无门。而自恋狂是不可能将其言行记录下来的。"我今天推搡谁谁谁了。""今天我骂谁谁谁是个×××了。"……他们从不认为自己有错，但你得记下来并让别人也知道这件事。关于如何应对具备自恋型人格的人，我将在第六章《面对危险人格该如何自护》中详细论述。

我曾在弗吉尼亚州做过一个危险人格研讨会，会议结束时，一位高级主管走上前来，问我是否可以跟他们老板通个电话，后者当时因为有事未能参加我的研讨会。他们公司的某个“问题员工”符合危险人格的各项特征，他希望我能跟他们老板谈谈。在去机场的路上我给那位 CEO 打了电话，他对我说的事情简直令人震惊。这个员工的行为已经失控，并将危及整个公司的存亡。从前面那位高级主管口里，我听到了那个员工罄竹难书的恶行，那是对信任的辜负和侮辱：他手中握有客户的私人信息、客户和同事的信用卡信息，还有公司未来计划的重要战略数据……更过分的是，他还威胁 CEO 和其他管理人员说，要是不遂他的意，就把这些信息泄露出去。

为把他安抚下来，CEO 各种方法用尽，但毫无效果。事实上，他们所做的努力无异于火上浇油，那个员工反而更加来劲了。CEO 被这个员工的事搅得头疼，甚至要去找家庭医生和心理医生治疗他的焦虑。而那个员工呢，还跟没事人一样。

那位 CEO 告诉我说，这件事已经拖了 18 个月了。我问道：“他是你的员工，他把大家都折腾得难受，他把你逼得心烦意乱甚至要去看医生，他还把公司的私人信息和专有资料随意摆弄、满不在乎，是这样吧？”

“对。”他答道。

“那你为什么还不开除他呢？”我问道。

“因为，我以为事情会有好转啊。”这是从那些对具备自恋型人格的人毫不了解的人那里最常听到的回答。他们天真而无知地以为事情会有好转。但是，不可能。

我曾从太多公司管理者们那里听到这样的事，他们有时宁可放弃一宗生意，只是因为对方太自恋、太令人难受，跟这样的人同在一间屋子里，甚至在电话里交谈，他们及团队人员都受不了。每次他们都以为情况会有改观，但次次如此。其实，我真的听说过有人因为与这样的人打交道而得了病。曾有位航运公司的老板事后对我说："乔，要是跟他做生意，我得整天担心是否该相信他，我的得力员工也要受尽折腾，什么生意也不值得付出这么多。我很庆幸当初放弃了这个买卖。"

具备自恋型人格的人可能拥有很高的职权或社会信任度，如此一来，其对法规的漠视和对职权的滥用就会造成严重的后果。比如，一个满口谎言、欺世盗名的警察，一个自以为掌握他人生死的医务人士，一个性侵孩子的教练……其造成的伤害是不可预计的。

2012年，伊利诺伊州迪克森镇的审计官丽塔·克朗德维尔因贪污公款被捕。她在22年时间里一共贪污了5300万美元，据其所述，这笔钱里有一部分被用于经营马场。审计官职务给了她染指巨额市政资金的机会，而她就将其当成了自己的私人小金库。

腐败的政府官员层出不穷，但具备自恋型人格的人不限于此，他们几乎无处不在。任何宗教派别，只要其领袖是个自恋狂，那么所有信众就得牺牲自己的利益来抬高他。而邪教，其领袖没有一个不是自恋型人格："人民圣殿教"吉姆·琼斯（见前文译注），“大卫教派”的大卫·考雷什[12]，“曼森家族”的查尔斯·曼森[13]，“奥姆真理教”的麻原彰晃[14]，“太阳圣殿教”的约瑟夫·迪·马布罗[15]，“天堂之门”的马歇尔·赫夫·阿普尔怀特[16]，“奥修教”的巴关·希瑞·罗杰尼希[17]，“摩门教末世圣徒教会”掌门人沃伦·斯蒂德·杰夫斯[18]等人都是臭名昭著的自恋狂，他们拒绝接受任何批评，鼓吹富丽堂皇的理论，自赋神权，目中无人，目无法纪。这种人以极高的代价“售卖”梦想，上当受害者络绎不绝。

“天堂之门”集体自杀惨剧过去1年之后，1998年9月，时值“琼斯镇”集体自杀事件20周年之际，FBI的一个侧写员小组来到弗吉尼亚州的匡提科FBI学院，查看吉姆·琼斯及其邪教组织“人民圣殿教”的相关资料。对我来说，那天的所见所查发人深省，因为，虽然多年以来我曾多次读到过这起惨案的相关内容，但真正看到现场照片，看到照片上那些无辜孩童肿胀的尸体，我才对那起集体自杀惨剧、对吉姆·琼斯牧师、对其自恋型人格有了新的了解。如果大家感兴趣，可以访问FBI的网站，看看这起惨案的实际调查资料，也可参看一下我当初曾翻看的一些相关文件。

如果你在线读过这数千页的FBI调查报告，或者读过一些记述吉姆·琼斯和“人民圣殿教”的书，那么就会总结出以下结论：

1. 有太多人会被迫将自己的生命无条件地交付在一个人

手上。

2. 在宗教外衣的掩护下，一个危险人物会长时间游离于审查之外。

3. 邪教领袖全面控制着信徒，就像一个极权政体一样。

4. 试图逃离邪教的信徒会受到身体和心理的虐待。

5. 感到担心的家人和朋友在向信徒提供帮助或试图解救他们时，都会遭到持续的反对或阻挠。

6. 邪教领袖的自恋型人格非常明显（如吉姆·琼斯的口头和书面言论），对尚未入会的信徒来说应是警示信号。

7. 只有少数邪教成员能看到其领袖的"真面目"（比如说，只有少数几个人知道吉姆·琼斯是个恶毒危险的自恋狂）。

8. 一旦臣服于邪教领袖之下，信徒们就不愿（或不敢）看到潜在的危险，甘心受自恋狂的驱使，哪怕他们及亲生儿女的生命已岌岌可危也不知悔悟。

对我们这些侧写员们来说，看过"琼斯镇"惨剧的调查报告之后，我们总结出的经验教训是很沉痛的，因为我们先前就从中看到了以往的邪教领袖身上那种自恋型人格特征，也知道这种人格会给"虔诚"的信徒们带来什么样的灾难。经过我们的分析，总结出以下几点：

1. 当人们受到操纵和利用却不能（或不愿）悔悟时，邪教领袖会继续迷惑他们。

2. 邪教通过心理、群体，或者身体的压迫来制造难度，使信徒无法脱离，以此达到使其顺从的目的，但此举会给后者造成严重的、持续多年的心理伤害。

3. 对自恋狂宗派领袖来说，为使其宗派避开批评、嘲笑、审查，并达到完全控制宗派的目的，关键就在于将整个宗派与外界隔绝起来。

4. 在邪教的领袖位置上，自恋型人格会感到如鱼得水，他们会用尽一切手段维持其领袖地位，排挤甚至除掉反对者。

5. 不管是什么情况，自恋狂邪教领袖都免受一切惩罚，由此获得无上特权（如游玩、衣物、奢侈品、性伴侣等）。

6. 自恋狂邪教领袖宣称他们知道“美好世界”的一切，并通晓去往彼处的方法，所有事宜都是他一个人说了算。

7. 因为宗教信仰自由和民间结社自由受到宪法保护，所以，除非有明显违反州法律或联邦法律的行为，否则执法机关很难对其进行干预。在大多数案件中，因为其活动地点过于偏远隐秘，也加大了执法机关干预的难度，比如沃伦·斯蒂德·杰夫斯在犹他州南部的“摩门教末世圣徒教会”（强奸未成年少女）；或者警察到来，却为时已晚，如“琼斯镇”集体自杀惨案。

以上就是我们对邪教的研究结果，但是，如果你仔细考虑一下的话，就会在你的工作环境、所在组织机构、被“暴君”统治的家里，甚至在国家层面都能看到类似的特征：隐秘、与世隔绝；为削弱人们的自由意志而对其进行心理和身体的虐待；权力集中在一个人手里……

历史已经无数次证明，病态的自恋型人格是一切灾难的根源。阿道夫·希特勒[19]，就是自恋狂领袖的典型代表，他引发的灾难危及了无数人的生命，而其根源仅仅是——他觉得自己就是真理。

危险人格清单：自恋型人格的征兆

在本书前言中我曾提到过，在多年的工作中，我根据危险人格的行为方式制定了一份清单，以此来辨别危险人格。下面列出的这份清单将帮助大家辨别某人是否属于自恋型人格，以及其自恋的程度：自大可憎；冷漠无情；凶恶危险。在这份清单的帮助下，大家能够对如何与其打交道有个清晰的脉络，能够更为确切地判断其恶劣程度及是否会给你或他人带来威胁。

本章的这份清单，以及本书中其他"危险人格清单"，其设计目的都是供你我这种没有专业心理知识的人日常使用。它不是心理诊断工具，其设计宗旨是教给大家一些实用的知识和信息，并对大家目睹或亲身经历的某些事情进行验证。

请大家仔细阅读每一条陈述，在符合他们特征的条目前打上对号。一定要做到实事求是，回想一下他们的言行，或别人是怎么对你描述这个人的。当然，最可靠的还是第一手资料：想想你亲眼目睹到的，以及你在其左右或与其打交道时的感觉。

只选符合特征的条目，不要猜测，也不要想当然。如果感觉模棱两可，就不要勾选。有些陈述看起来与其他条目重复或意思相近——我是故意这样安排的，因为经历和描述会因人而异，存在细微差别。

为保证测试结果的可靠性，请大家务必做完130个测试条目。在一份做完的清单里，有些甚至是你从未考虑过的情况，还有些条目会让你想起一些忘记的事。所以，请务必逐条阅读，千万不要感觉不耐烦，也不要因为觉得前面几条都不符合就坚持不下去。

做完之后请核对分数并查看结果分析，现在，请大家认真阅读清单。

请逐条阅读，在符合特征的条目前打上对号：

□ 1. 认为现有的职位、履历、待遇等无法与自己的重要性相匹配。

□ 2. 认为自己很了不起，觉得自己所取得的成绩都是非凡的成就。

□ 3. 经常会说他们需要领导别人、需要负责、要有权力，或需要立刻取得成功。

□ 4. 认为自己只应与“特殊人物”、“成功人士”或“位高权重的人”为伍。

□ 5. 希望被别人嫉妒。

□ 6. 认为自己很特殊，总想获得特殊对待或优先考虑。

□ 7. 为了个人利益利用别人、占别人便宜。

□ 8. 缺少同情心，不能体会别人的需求和痛苦。

□ 9. 总是羡慕、嫉妒别人，认为别人也羡慕、嫉妒他们。

□ 10. 行为态度自大傲慢。

□ 11. 总是认为他们的问题最特殊，比别人的问题更严重、更紧迫。

□ 12. 特权感膨胀，常常会扭曲规则、违法乱纪。

□ 13. 过度以自我为中心，言行均以“我”为出发点，疏远他人。

□ 14. 对别人如何看待他们高度敏感。

□ 15. 你经常会因为这个人而心烦恼怒，别人也常常如此抱怨。

□ 16. 外表光鲜，总在修饰打扮上花大把时间。

□ 17. 在任何事情、任何方面都自视过高。

□ 18. 认为别人都卑贱、无能、没有价值。

□ 19. 对别人缺少理解和体谅，却希望别人都能理解、体谅他们。

□ 20. 对他人在生存方面（如食物、水等）、身体方面（如居住、衣服等）、情感方面（如爱、抚摸、拥抱等）、经济方面的需求视而不见。

□ 21. 看到别人得到赞赏，他们就不高兴。

□ 22. 欺凌弱小。

□ 23. 只顾自己说话，而不是与人“交谈”。

□ 24. 以各种方式吸引别人的注意力，以保证自己是大家关注的焦点（如故意迟到，衣着打扮吸引眼球，语言夸张，到场时极为做作）。

□ 25. 与别人交流时，总是在“放出”信息，而不“接收”信息；他们跟别人的交流总是“单向”的。

□ 26. 自视过高，并认为别人都仰慕他们。当发现真相并非如此时，就会表现出非常震惊的样子。

□ 27. 哪怕经济能力不允许，也要买最好的东西（如房子、汽车、电器、珠宝首饰、衣服等）。

□ 28. 很难理解“情深义重”是怎么回事，在需要表露深情的时候往往表现得超脱、冷漠。

□ 29. 总想控制别人，要求别人对他们保持绝对忠诚。

□ 30. 把他人当作可以操纵和利用的物品。

□ 31. 屡次违反或侵犯规章制度、他人隐私、秘密、社会公德等。

□ 32. 眼里只有自己的问题，看不到别人的问题或烦恼。

□ 33. 缺少“利他”品质，不论做什么，都是以“利己”为出发点。

□ 34. 即使没有任何能拿得出手的成就，也是一副自命不凡的样子。

□ 35. 喜欢鼓吹自己的成绩、作为和经历。

□ 36. 听到有人在说自己的成就时，他们一定会插嘴，吹嘘他们的成就，或把话题引过去。

□ 37. 认为自己在成功、名誉、财富、性等方面享有特权，无视法律和伦理道德的限制。

□ 38. 工作中总是与同事们攀比以获得关注或赞赏，常常贬低同事以获得上司的青睐。

□ 39. 无法容忍他人的批评，听到就立刻勃然大怒。

□ 40. 有时候表现得专横傲慢，不管别人的想法和计划，也不管别人关心的是什么。

□ 41. 认为自己无所不能，不承认自己有缺点和弱点。

□ 42. 从表面上看，他们很有魅力或很有趣。

□ 43. 喜欢假冒成医生、军人、宇航员、特种兵等。

□ 44. 刚认识时你会觉得这个人很有趣，但相处一段时间后，你就感到心累、郁闷。

□ 45. 损他人之不足，补自己之有余。

□ 46. 贬低你、你的成就、你的人生价值，丝毫不考虑你的感受。

□ 47. 对他人如何取得成功表现出兴趣和好奇心，但不愿付出相应的努力或做出类似的牺牲。

□ 48. 有宏大的理想（如做大官、挣大钱等），但一点儿都不实际。

□ 49. 醉心于追逐社会赞誉或政治职务。

□ 50. 屡次给自己买贵重物品，却拒绝在家人身上花大钱。

☐ 51. 小看他人的天赋和能力。

☐ 52. 认为自己的智力、能力、外表等都比别人强。

☐ 53. 为了自我感觉良好而贬低别人。

☐ 54. 在公共场合贬损那些达不到他们期望或要求的人，连自己的孩子都不例外。

☐ 55. 对你的事不感兴趣，对他人也缺乏正常的好奇心。

☐ 56. 有时会表现得过于冷漠，你不禁纳闷他到底是个什么样的人，并怀疑自己是否真的了解他。

☐ 57. 在与别人交谈时，会把别人的正常举动（如调整座位、转头、查看手机、看表等）当成不耐烦的信号，并感到受了冒犯而生气。

☐ 58. 用轻蔑和傲慢的态度对待那些被其认为不如他们的人。

☐ 59. 眼里只有那些对他们来说有价值、有用的人。

☐ 60. 因为过于自我、太自大，其人际关系往往很差。

☐ 61. 总觉得自己知识渊博、见解独到，言语间带着一种“众人皆醉我独醒”的意思。

☐ 62. 其性格令人讨厌，或者，你觉得这个人很烦人。

☐ 63. 炫耀自己的成就，大言不惭。

☐ 64. 每句话开口就是“我怎样怎样”，并对此不以为意。

☐ 65. 自以为是，对外界的评判毫不在意。

☐ 66. 曾获得很大成就，却是以他人的牺牲或付出为代价；并且从来不（或很少）将此功劳分给他人（或向其表示感谢）。

□ 67. 曾评论某人或某个群体“低贱”或“无能”、“没用”。

□ 68. 吸食毒品，借此获得自大、自负和无所不能的感觉。

□ 69. 以“情圣”自居，吹嘘其在情场上的收获。

□ 70. 痛恨在公开场合受窘或失败。

□ 71. 从不因犯错而感到愧疚，从不道歉。

□ 72. 不论问题或麻烦有多难、多麻烦，总认为自己能解答或解决。

□ 73. 认为自己总是对的，别人总是错的。

□ 74. 将持不同意见者视作“敌人”。

□ 75. 为获得成功，不惜作弊、欺骗、耍阴谋，甚至监守自盗、挪用贪污。

□ 76. 倔强、冷漠、麻木。

□ 77. 试图控制别人的行为或思想。

□ 78. 对亲人和家人有种占有欲，对其自由横加干涉；不喜欢有朋友或外人到家里做客。

□ 79. 也会表现出理解和体谅，但都是利己的表面文章，且持续时间很短。

□ 80. 因为嫉妒或与其存在竞争而总想破坏或毁掉他人的成功。

□ 81. 拒绝认可或赞赏你的成就，或不懂得体谅别人的痛苦和烦恼。

□ 82. 受到批评时，会发怒、反驳、恶语伤人，或不予理睬。

□ 83. 不愿开始行动，说那样会妨碍他们"思考""计划""构思""研究""准备"。

□ 84. 经济能力有限，却加入了某个（些）会所或俱乐部，只为能让别人看到他们跟"大人物"在一起。

□ 85. 认为别人满是缺陷，自己完美无瑕。

□ 86. 不愿接受别人的评价和批评（即使对方是善意的，评价和批评是对其有益的）。

□ 87. 将别人身上的麻烦和问题看作其低劣、脆弱、自控力差的标志。

□ 88. 总是炫耀自己刚买的贵重物品（珠宝首饰、玩具、房子、汽车等）。

□ 89. 工作中总是夸大自己的价值和贡献。

□ 90. 能敏锐地发现别人的弱点，并对其加以利用。

□ 91. 与恋人或配偶的关系属于"寄生"或"剥削"，在经济上占其便宜（如即使身体健康、有能力挣钱，也拒绝出去找工作）。

□ 92. 不止一次说起过，从很小的时候就知道"自己注定要成大事"。

□ 93. 对赞颂和崇拜高度迷恋，总是想方设法赚取别人的恭维和赞誉。

□ 94. 不擅长倾听，只有在对方夸赞他们的时候才会留意。

□ 95. 总是要求别人做出改变来适应他们，哪怕会给他人造成损失或不便也是如此。

□ 96. 狡猾诡诈，爱支使人，总是谋求自己的最大利益。

□ 97. 不懂得用关怀、感激和善意来回报他人。

□ 98. 通过侮辱他人来建立其优越感，进而控制和支配他人。

□ 99. 在学历或学位上说谎（如声称自己是哲学博士等）。

□ 100. 尽管经济能力不足，或已濒临破产，也要在表面上维持奢华的生活方式。

□ 101. 不能站在对方的角度看待问题，无法理解别人的需求和心愿。

□ 102. 喜欢凑在显要人物身边借光仗势；或动辄摆出显要人物的名字以抬高自己。

□ 103. 他们认为，不是任何人都有资格跟他们结交的。

□ 104. 情感生活非常肤浅，当别人拿着“鸡毛蒜皮”的情感问题来对其倾诉或寻求帮助时，会感到厌恶。

□ 105. 性格腼腆孤僻，但对别人非常傲慢，自认为高人一等、独一无二。

□ 106. 在过去的经历和成绩上撒谎，或用谎言遮掩其曾在法律和道德方面犯下（或未遂，或未予公布）的恶行。

□ 107. 若别人不能对其绝对忠诚，就会愤愤不平。

□ 108. 故意让你或他人等待，或拖延会议、谈话，给他人造成不便。

□ 109. 也许会很大方，但在工作中对报酬和津贴永不满意。

□ 110. 喜欢因琐事去麻烦别人，不管对方是否有空或是否有更重要的事要处理。

□ 111. 竭尽全力试图留住青春(如健美塑身、使用化妆品、做美容手术等)。

□ 112. 为证明或炫耀自己的魅力或性能力而屡次发生婚外情。

□ 113. 其快乐往往建立在他人的付出或牺牲上。

□ 114. 在欺骗他人（包括父母、朋友、同事等）中获得乐趣。

□ 115. 别人取得成功时，不是为其高兴，而是羡慕、嫉妒。

□ 116. 会因为对方不能继续在社会或金钱方面给他们带来好处，而终结一段恋情、爱情或友情。

□ 117. 总想找一个“花瓶妻”，希望她能在事业或政治前途上帮到自己。

□ 118. 为了能获得关注和赞赏而精心策划一天的安排或活动事项。

□ 119. 不能理解或体会关系亲密的人的需求、心愿和感受。

□ 120. 对他人没有耐心。

□ 121. 总是滔滔不绝谈论自己及其宏图壮志。

□ 122. 不厌其烦地倾诉其个人问题或心事，不顾时间长短，不顾他人感受。

□ 123. 常常说出伤人的话，却不知悔改。

□ 124. 别人在说到这个人时，常常会用以下词汇：势利、倨傲、自大。

□ 125. 曾批评那些遵纪守法的人或耐心排队等候的人是“傻瓜”、“死脑筋”等。

□ 126. 特别缺少两种性情：悲伤和惋惜。

□ 127. 不怕言行不道德，只怕被当众抓住出丑。

□ 128. 即使相识很多年，你也觉得无法真正了解他们。

□ 129. 曾让家人或朋友为其撒谎。

□ 130. 不承认自己犯的错、做的坏事、出的馊点子或做过的危险行为。

结果分析：

数一下这个人到底符合多少条目。

15 ～ 25 个：此人偶尔会在情感上给他人造成伤害，与其一起生活或工作也许会有点麻烦。

26 ～ 65 个：此人具备了自恋型人格的基本特点，会给身边人的生活制造混乱。需要去看心理医生。

65 个以上：此人是典型的自恋型人格，会在情感、心理、经济或身体上给你和他人带来危险。

如何应对

这份“危险人格清单”也许证实了你很久以来的某个推测：你正跟一个符合自恋型人格特征的人一起生活或共事。也许你一直都在承受折磨和伤害，在读过这份清单之后，你确认了自己的判断并思考如何更好地与其打交道，考虑寻求帮助或改变现状。祝贺你——你已经迈出了一大步，通过自学，你就能掌握如何应对。

应对自恋型人格的方式取决于多个因素，其中最基本的两点就是你的具体处境和对方在“危险人格清单”中的分数高低。也许你可以在工作中避免跟此人打交道；也许你实在是躲不开（比如你必须与其共同生活）；也许对方在“清单”中得分较低，也就是说——虽然此人令人恼火，但还是可以忍受；也许此人得分非常高，亦即会给你带来持久的痛苦折磨、压抑甚至心理伤害……具体情况到底怎样，只有身为当事人的你最清楚。想清楚之后，就需要立刻决定该如何应对这种境况，可以找别人（如朋友、牧师、人力部门的同事、老板、心理健康专家、社会服务组织甚至警察）帮忙出谋划策。

但是，不论是什么情况，你的首要职责都是保证自己及亲人的安全。不论是谁劝你继续待在那个欺凌、折磨、伤害你的人身边，或继续待在那样一个工作环境里，都不要听。做你必须要做的事吧。

尽可能远离这些具备自恋型人格的人。我知道，有时候出于这样那样的原因好像很难做到，这些理由我都曾听到过。若真有苦衷的话，那就务必定下清晰的界限——何种言行是允许的、是可接受的，何种言行是不允许的、不能容忍的。但是要做好心理准备，因为自恋者很可能会无视这些界限而继续冒犯于你。

这是一个很残酷的现实。你也许需要这个人，你也许无法远离这个人，也许这个人就是你的家人或配偶，甚至是你的老板。我都明白。但大家要牢记一点：具备自恋型人格的人的天性就是践踏他人，最终你会遭受情感、心理、身体或经济的伤害。并且，他们在“清单”中得分越高，其伤害的程度就越大。多年以来我发现，应对具备自恋型人格的人的最佳方式就是尽量远离他们。这是个残酷的现实，现在，你也知道该怎么做了。前文中也曾提到，如果大家想了解更多如何与危险人格打交道的策略，请看本书第六章《面对危险人格该如何自护》。

—— 本章译注 ——

1　此词源于希腊神话。英语中的“自恋”源自 narcissus 一词，有两个意思，一是水仙花，二是人名，中文译作“纳喀索斯”。在希腊神话中，他是河神刻斐索斯与水泽女神利里俄珀之子，长相清秀俊美，却对任何姑娘都不动心，只对自己的水中倒影爱慕不已，最终在顾影自怜中抑郁死去，死后化作水仙花，仍留在水边守望着自己的影子。后来，Narcissus 就成了“孤芳自赏者”“自恋者”的代名词。

2　灰姑娘的故事很久之前就在欧洲民间广为流传，后来才由法国作家夏尔·佩罗和德国的格林兄弟加以采集编写，这也是目前在世界上流传最广的版本。其实在法语、德语、意大利语、瑞典语、汉语、斯拉夫语、凯尔特语中都有类似的故事。汉语版的“灰姑娘”故事最早见于唐代段成式（约 803—863）所撰笔记小说《酉阳杂俎》中的《叶限》。

3　吉姆·琼斯（1931—1978），是美国“人民圣殿教”的创始人、领袖。出生于美国印第安纳州东部的一个小镇。1949 年，进入印第安纳大学学习，后在印第安纳波利斯的卫理公会教堂供职。1953 年，吉姆·琼斯建起了一座小教堂，自任牧师，宣传自己的主张，逐渐拥有许多忠实的追随者。1965年，他预言世界将要灭亡，便带领 30 名骨干到加利福尼亚州的红杉谷建起一座“人民圣殿基督教堂”和一处教团营地。1971 年，吉姆·琼斯将总部搬到了旧金山，此时人民圣殿教号称有信徒 3 万人。然而之后有关吉姆·琼斯的丑闻相继曝光，包括其窃取信众财产、假装神迹治病等。吉姆·琼斯在 1977 年带着约 1000 名核心信众迁到南美洲的圭亚那，建起了一座农村型人民公社——琼斯镇。1978 年 11 月，美国众议员里奥·瑞恩来到琼斯镇进行调查，临走时一些信徒表示要跟其回美国。同年 11 月 18 日众人到达当地的一个小型机场，在那里遭受教派守卫开火袭击，里奥·瑞恩、3 名新闻工作者及 1 名打算离开的信众被杀，多人受伤。琼斯自知罪责难逃，于是胁迫追随者与他一起自杀，琼斯命令他的信众饮下掺有氰化物的果汁，那些抗拒这命令的人被射杀、勒死或被注射氰化物。这次集体自杀事件共有914人死亡，其中包括276个儿童。

4　英语中称作“knockout game”，一种在公共场所针对无辜路人的暴力恶作剧，施虐者以黑人青少年居多，他们会突然对路人头颈部出拳猛击，出其不意将其击倒在地，以证明自己的强大，他们的目标是毫无防备的路人(连老年妇女都不放过)。

5　隶属于美国海军，世界十大特种部队之一。

6　美国是联邦制国家，各州有自己的法律，因此州的执法司法人员，包括警察、检察官、法官等不许跨州行使权力，凡是跨州的案件，便属于联邦调查局（FBI）的管辖范围。

7　原文为Enron，成立于1930年，总部设在美国休斯敦。曾是一家位于美国得克萨斯州休斯敦市的能源类公司，在2000年《财富》世界500强排名第16位。肯尼斯·雷为主席和首席执行官、管理委员会成员，杰弗里·斯基林为总裁、管理委员会成员。在2001年宣告破产之前，安然拥有约21000名雇员，曾是世界上最大的电力、天然气以及电信公司之一，其于2000年披露的营业额达1010亿美元之巨。安然欧洲分公司于2001年11月30日申请破产，美国本部于2日后同样申请破产保护。从那时起，“安然”就成了公司欺诈以及堕落的象征。

8　是指利用政治立场上“正确”或“中立”的字句描述人或事物，以避免因为使用具有褒贬意义的语句而侵犯他人合理的权益、伤害弱势群体的利益或尊严。

9　原文为battered wife syndrome，又称“受虐症候群”，原来是一个社会心理学的名词，最早由研究家庭暴力的先驱、美国临床法医心理学家雷诺尔·沃柯博士提出。它在法律上被用来指长期受丈夫或男友暴力虐待的妇女表现出的一种特殊的行为模式。受虐妇女长期遭受暴力后，在心理上就会处于瘫痪状态，她们从无数次的挨打中“认识”到，她们无力阻止丈夫或男友对她们实施的暴力。每一次来自丈夫或同居男友的暴力，都使她们更清楚地“认识”到自己的无助。久而久之，她们在这种心理状态下越来越被动，越来越顺从，也越来越无助。

10　拉丁语，意为“交换条件，补偿”。

11　欧美国家习俗，在收到礼物之后，要当着对方面打开、赞美一番并表示感谢，以示尊重。

12　大卫教派由美国人维克多·胡太佛于1934年创立，其最后一任教主为大卫·考雷什。他于1987年在一次邪教火并中乘机排斥异己成为教主。考雷什坐上教主宝座后进一步神化自己，自称基督转世。为了加强对信徒的控制，大卫教派在远离闹市的得克萨斯州韦科荒原修建了卡梅尔庄园作为总部，后改名为“天启牧场”。教徒在这里过着公社式的集体生活。大卫·考雷什向教徒们宣称1993年将是世界末日，世界末日就是一场同异教徒的血战。他们只有团结一致，与撒旦世界的恶魔进行一场“圣战”，才能进入天堂，他分批购置了大量的军火武器，要求教徒们做好战斗准备。1993年2月28日，美国联邦执法人员出动坦克和飞机对其进行围剿，当天在冲突中有6名大卫教徒和4名联邦执法人员丧生。此后，双方进行了长达51天的武装对峙。1993年4月19日，为了结束对峙，联邦执法人员对大卫邪教总部韦科山庄采取行动，山庄被大火烧毁，80名包括妇女和儿童在内的大卫邪教教徒在枪战和大火中丧生。邪教教主考雷什也葬身火海，此事被称为“韦科惨案”。

13　邪教组织曼森家族的头目。曼森家族是一个由曼森的追随者所组成的杀人集团，查尔斯·曼森自称耶稣转世，领导曼森家族犯下多起杀人血案。其被捕后被判终身监禁。

14　“奥姆真理教”是日本一个所谓融合了瑜伽、佛教和基督教因素的新兴宗教教团，是日本代表性的邪教团体，创立于1984年，教主为麻原彰晃。在高峰时期的1995年，该组织在日本本土有15400多名会员。涉及暗杀、绑架、侵占财产等各种犯罪活动，进行过坂本堤律师一家杀害事件（死亡3人）、松本沙林事件（死亡7人，伤660人）、东京地铁沙林毒气事件（死亡12人，伤6000多人）等恐怖活动。1995年3月27日日本警察厅下令在全国搜捕麻原彰晃，同年5月16日将其捕获。2004年2月27日，东京地方法院对麻原彰晃进行一审宣判，以杀人罪、杀人未遂罪、杀人预备罪、拘禁罪、非法制造武器罪等13项罪行的"首谋"罪名判处麻原死刑；2006年9月15日判定维持死刑，不得上诉。

15 "太阳圣殿教"，又名"国际太阳圣传骑士团"、"玫瑰与十字会"，成立于1984年，主要领导人是教主吕克·茹雷和幕后智囊约瑟夫·迪·马布罗。其成员散布于法国、西班牙、瑞士、加拿大、比利时、荷兰、丹麦、马丁尼克岛等国家和地区，共有1000余人。该教集迷信、魔术、占星术于一体，是东方神秘主义、新纳粹神秘学和玫瑰十字象征主义杂糅而成的怪胎。自1994年以来，在加拿大、法国、瑞士先后发生多次太阳圣殿教教徒集体死亡事件，总共有70余人死于非命。

16 "天堂之门"，又称"天门教"，正式名称为"全世界高级计算机宗教组织"。1975年由美国人马歇尔·阿普尔怀特在美国俄勒冈创立，属于UFO类型的邪教。他们自称是外星人下凡，到人间来拯救人类。阿普尔怀特声称追随他们的信徒都可以进入天堂王国，而接他们升天的工具则是外星人的飞行器。"天堂之门"的教徒们捐出个人的全部财产，断绝各种社会关系，舍弃家庭儿女，为走向天堂之路做好准备。1996年10月，阿普尔怀特在加利福尼亚州的圣迭戈郊区租了一套别墅，作为天堂之门教派的最后营地，教徒们将其称作"圣殿"。1997年3月26日，警方接到报案，在别墅里发现了39具尸体。据尸检人员分析，他们临死都服用了大量镇静药和烈性伏特加酒，然后用塑料袋紧套在头上窒息而死。

17 原名香卓拉·穆罕·简，1989年改名奥修，意为"海洋"。曾是哲学教授，后旅居美国，启蒙奥修运动。该运动着重在性灵与哲学层面，颇受争议。"奥修教"是他创立的邪教组织，鼓吹阴阳双修，煽动淫乱。

18 "摩门教末世圣徒教会"原隶属于美国摩门教之下，提倡一夫多妻制。摩门教宣布废除一夫多妻之后，沃伦·斯蒂德·杰夫斯祖先领导“摩门教末世圣徒教会”与摩门教主流决裂，后来一直秘密活动，并且发展成为美国实行一夫多妻制的最大教派之一。沃伦·斯蒂德·杰夫斯本人据称至少有70个妻子（其中包括他父亲的多名妻子），还有60个左右的孩子。杰夫斯在教徒集中的犹他州小城希尔戴尔和亚利桑那州科罗拉多城之间的一个社区建立了一个“独立王国”，拥有高达1亿美元的资产。2011年8月，美国以强奸未成年少女以及强迫未成年少女和已婚成年人结婚等罪名判处沃伦·斯蒂德·杰夫斯终身监禁。

19 阿道夫·希特勒（1889—1945），军事家、演说家。德国籍奥地利裔的政治风云人物，德国纳粹党的元首，第二次世界大战间种族灭绝政策的核心人物。

DANGEROUS
PERSONALITIES

NO.2 第二章

“把安全带系好……”

（情绪不稳定型人格）

研究情绪不稳定型人格，以及与生活中深受其苦的人谈话，这两件事都令我们担心不已。我们的社会以及专业人士对某些危险人格（如掠夺型人格，请看本书第四章）的危害性已经有了较为清晰的认识和心理准备，但由情绪不稳定型人格所导致的危害却迟迟未能得到应有的重视。他们所造成的危害往往发生在关系较近的人之间，比较隐蔽；其恶行多属于道德方面，执法部门对此往往爱莫能助。但我们正与这样的人共同生活或共事，他们所带来的伤害不容小觑。

这种人格的主要特征是情绪不稳定，由其导致的行为会影响其生活和谐与人际关系。其性情多变，无法预测，往往是在两个极端之间跳跃：前一秒还是春日的暖阳，后一秒立刻变成严冬的冰霜；刚才还是才华横溢、魅力非凡、神采飞扬，一转身就变得横眉怒目、偏执任性，甚至无理取闹。而英语中“mercurial”一词正是为形容这种人格而产生的[1]。

他们对“爱”和“安全感”的依赖极重，却没有能力去培养或经营一段健康的关系。跟他们走得近了，他们就觉得腻；给他们空间了，他们就觉得被人抛弃……这种反复无常的性格会给他们自己以及他人造成伤害。

每当我得知某位名人第五次，或第六次，或第七次，甚至第八次（比如伊丽莎白·泰勒[2]）离婚了，我就禁不住想：这是否就是一个情绪不稳定型人格的典型呢？他的配偶知道吗？理查德·伯顿[3]两次与其破镜重圆，是因为他认为这一次情况会有好转吗？答案是——不会的，几乎不可能。

人们往往看到这些人聪明伶俐、神采奕奕、美丽大方，就想当然地认为其人际关系一定非常美满和谐。但在掀开这光鲜的外表之后就会看到，在其精心雕琢的公共形象背后，正是其情绪不稳定型人格的本来面目。不论是在家里还是在办公室里，或是在拍摄现场，这些外表光鲜却精神高度紧张的人往往是张扬跋扈、指手画脚，甚至吹毛求疵、尖酸刻薄，几乎无法与人共处。大家可以去读随便一本有关玛丽莲·梦露的传记，她的情绪不稳定型人格给她、几乎所有与其共事的人都带来了极坏的影响。

与自恋型人格类似，情绪不稳定型人格也需要他人的迎合或服从。他们挑战别人的底线，目无规章制度，总要把自己置于关注的焦点位置。然而不同的是，自恋型人格这么做是因为他们自我感觉完美，自以为有权利被特殊对待；而情绪不稳定型人格这么做则是因为他们需要他人（甚至是小孩子的）持久不变的支持和肯定，这样才能感觉良好。他们在情感上永不满足，就像是章鱼的触手，死死缠绕着那些能满足他们需要、容忍其言行的人。但即使对那些最为慷慨无私的人来说，面对这种贪婪的索取也是力不能及的，所以，情绪不稳定型人格总是强人所难。

如果你的生活中有这样的人，那你就得做好准备，准备应对各种极端行为，准备好承受愤怒和身心疲惫的感觉。他们所造成的危害也要因人而定，取决于他们情绪不稳定的程度如何，因为每个人的情况都不一样。有些人的危害较轻，可以忍受；有些人则是到了自我摧残的地步，会伤害他们的同事甚至自己的孩子。情况不严重时，也就是争论吵嘴、令人恼火而已；但严重时你可能会遭受情感创伤，甚至暴力虐待。一位心理学家曾这样跟我描述过与具有情绪不稳定型人格的人相处时要承受的折磨：“他们不会伤你性命，却常常令你寝食难安。”

造成这种人格的原因有很多，可能是神经甚至生物学的原因，也可能是由于过去曾遭受的心理或精神损伤，还可能是吸毒或遭受虐待，或成长过程中父母的冷漠等，其确切原因不得而知，但以上因素都可能是情绪不稳定型人格的成因，此外还有遗传因素。

根据现有的知识、我曾接手的案例和以往的经验，我明白了这样一件事：具有情绪不稳定人格的人最终都会将别人的耐心、谅解、同情和理解消磨殆尽。因为其行为和反复无常的脾气，他们与家人、朋友、同事、上司的关系会渐渐枯萎衰竭。

最后，他们身边的人就会断绝与他们的关系，因为他们已经不堪重负。有些人曾对我说，他们的情感被这种反复无常的人过度剥削压榨，已经再也没有能力去同情别人、爱别人了。有位男士的妻子就是具有情绪不稳定人格的人，在结婚多年之后，他对我说："我真的尽力了。为了她我什么都做。但是跟她在一起生活就像是在地狱一样。我实在受不了了，甚至想过自杀。那时我就跟个空壳一样，简直是在自虐。都是因为她的缘故。"在过去的35年时间里（作为FBI特工及后来的行为学顾问），我曾无数次听过类似的话语。

从另外一些人那里，我也听到了类似的说法，其中就有我的导师、已故的菲尔·奎恩教授。奎恩教授既是天主教牧师，又是心理学家，他在从业之初曾了解到——有些人天性善良，从无害人之心，却因为受到某个（些）具有情绪不稳定人格的人的影响，而产生了自残或期盼他人受到伤害的想法。这件事令他分外震惊。

震惊？是的。从下面这个事例中大家就能看出跟一个具有情绪不稳定人格的人共同生活是多么痛苦和难受了。我曾在《今日心理学》（Psychology Today）的网络博客上写了一篇有关危险人格的文章，后来有位读者给我写来一封私人信件，这封信内容详尽、思路清晰，是出自正常人之手，信中说："我盼着我妈能早点死。她毁了我的青春，我一点儿安全感都没有。让这个从没有保护过我的人快点死吧，她死了我就解脱了，我就再也不用整天提心吊胆地活了。"读到这里我惊呆了，但继续读下去，看到她妈妈的所作所为以及她所经受的折磨之后，我又理解了她的感受。

在刚刚进入执法部门工作时，前辈们曾告诉我一种悲哀的现状：很多人因为被自己的遭遇所迫而去伤害别人，这种事在他们经办的家庭案件中非常普遍。这就是与严重的具有情绪不稳定人格的人相处的惨痛现实。他们的极端行为转而导致他人的极端回应——原本正常的人被逼无奈产生疯狂的想法，或做出疯狂的事……后者的心理可以理解，但其自残或伤害他人的行为却是不对的、不可宽恕。具有情绪不稳定人格的人需要心理医生的帮助，那些被他们影响较深的人也需要心理救助。

情绪不稳定型人格的特征

具有情绪不稳定人格的人的行为方式五花八门，很难察觉或辨别。有些人只是在痛苦和绝望中默默活着；有些人则是四处寻衅吵架斗殴（尤其跟他们的配偶，其配偶往往会承受其言语甚至暴力的折磨）；有些人或英俊或妖娆却苛求无度，最终被人厌弃……属于情绪不稳定型人格的类型还有很多。

然而万变不离其宗，此类人格的共同特征就是其情绪起伏过大。正常人也会有情绪化的时候，有时也会烦躁、易怒、焦虑；但这种人情绪化的程度太高。他们也许会连续几天、几周，甚至在几个月的时间里都很正常，但随着时间的前行，他们应对周围世界的“基本模式”——情绪不稳定和反复无常——就会显露出来。

如果他们独自在深山老林里生活，那也就罢了；但生活在现代社会里，他们必定会影响到周围的人：父母、兄弟姐妹、恋人、配偶、孩子、同事……摩擦也由此而来。这种反复无常的性格会给他人带来情感、心理甚至身体上的伤害。人在青少年时期往往会出现情绪化和冒险行为，但在成年之后这些现象就逐渐消失了。而在具有情绪不稳定人格的人身上，这种情况仍然留存，因此，他们的人际关系一定会受到损害。

他们当中有很多人心里明白，他们以往的痛苦经历也许就是现在情绪不稳定的成因，但他们似乎无力控制自己的情绪和行为。甚至连心理治疗师都很难应对：你尽最大努力想帮助他们，却总是前功尽弃。跟这种人相处就像是在坐过山车一样：前一秒钟你还是他们心中的英雄，但后一秒钟就变成了他们鞋底上粘着的口香糖。很多被具有情绪不稳定人格的人伤害过的人都对我说，每次他们的感觉都是既诧异又绝望，心中还在纳闷："这又是为了什么啊？""有必要这个样子吗？""以后还会这样吗？"……

如果身为父母的人属于情绪不稳定型人格，那么他们的孩子很小就能学会时刻去判断他们的情绪，而"他今天心情怎么样？"也成了家人每天必对的暗号。那么小的年纪每天都过得战战兢兢，因为他们知道，每天早晨醒来，卧室门外走动的或者是个和蔼的天使，或者是个满腔怒火的魔鬼……一想到这种情形，我就觉得分外悲伤。我们常常听说，或在媒体上看到有孩子希望父母离婚（有些的确促成了此事），有的孩子尚未到 18 岁就申请脱离父母监管，这往往都是因为他们对父母的情绪不稳定型人格的忍耐已经到了极限。这种极端的措施是他们仅剩的、能保护自己的心理不受摧残的方法，他们已经受够了。

在工作中，如果老板属于情绪不稳定型人格的话，那么大家就都会蹑手蹑脚地行动，像小孩子一样窃窃私语："今天老板的心情好吗？还是跟昨天一样乱发脾气、乱扔东西吗？"大家或者躲到洗手间里，或者请病假，设法避免跟这种人打交道。具有情绪不稳定人格的人对公司（机构、单位）或者事业的影响是巨大的，因此，这种人在工作中也越来越不受人待见，有些地方甚至渐渐形成了一个不成文的规定来“隔离”他们。这条规定被称作“萨顿规则”，是指在工作中建立一个“讨厌鬼禁入区”，避免与他们接触。（出自罗伯特·I. 萨顿所著《萨顿规则——建立一个文明的工作场合及在非文明的工作场合中的生存之道》第 183 页）萨顿的这本书登上了《纽约时报》和《华尔街日报》的畅销书榜。在书中萨顿指出，在工作中，这种人害大于益、弊大于利，所以最好趁其尚未造成伤害的时候就摆脱掉他们。

情绪不稳定型人格的恋情就像是一根绷紧的弦，随时可能断掉。跟这种恋人相处，很可能是刚刚跟他大吵一架，接着就在其主动之下体验一次“和好性爱”。他们可以从“你死我活般的争吵”瞬间过渡到“干柴烈火般的性爱”，其转变速度令人震惊。对他们来说，这是很寻常的事；但对其他人来说，这种蹦极式的情绪起伏很难适应，并且，先前经受的言语攻击越是尖刻恶毒，他们此刻愿与其亲昵接触的欲望就越低，如此一来，他们的关系注定无法长久。

极度敏感

具有情绪不稳定人格的人往往不能容忍他人的指责，对真实的和臆测到的侮辱尤其敏感，一旦感觉受到冒犯，就会立刻

"开火"。又因为他们太容易感受到"伤害"，所以常常毫无根据就立刻翻脸不认人，或动辄指责他人背信弃义。有位大学生曾跟我说起这样一件事：她妈妈好几个月时间没给她三个姐妹好脸色，只是因为她们仨一起去看电影而没有叫上她。她指责她们仨要"密谋"孤立她，并利用看电影的机会在背后说她坏话。这是情绪不稳定型人格的基本"套路"，根据其情绪的起伏状况，他们会在"国王"（想要得到所有人的拥戴）和"全民公敌"（"谁都不愿意跟我玩""大家都跟我作对"）之间不断转换"角色"。

她们姐妹三人费尽气力跟妈妈解释，说她们真的没有别的意思，让她不要多想；但没有用，她还是一肚子闷气，连续几周都像受了伤害一样，不跟她们姐妹仨说话。这是常有的事了：从她记事起，她妈妈就对真实或"莫须有"的伤害极度敏感。而这正是麻烦的根源：极度敏感是情绪不稳定型人格的"默认设置"，是操纵摆布他人的动机，是惹人讨厌憎恶的原因，是他人情感的粉碎机。

还有更糟的——具有情绪不稳定人格的人都是超级"伤害收藏家"。不论是轻视还是怠慢，不论是疏忽还是失礼，他们都细心留意、精心收集，以待将来把这些旧事化成利箭，出而伤人。抖搂陈芝麻烂谷子是他们的特长，甚至几十年前鸡毛蒜皮的小事都会反复提起来。你做过的事，你忘做的事，你说过的话……不管是什么，不管有没有道理，反正是伤害到他们了。并且，因为他们的心灵太“脆弱”，又毫不容忍他人的过错，所以，其批斗檄文就尤其拖沓冗长、鸡零狗碎。从某种程度上来看，著名犯罪学家伦纳德·特利托博士对他们的描述极其贴切，他说：“这种人把自己当成受害者，总在寻觅‘债主’。”

苛求无度，没有分寸

具有情绪不稳定人格的人可不仅仅是“难伺候”那么简单。这种人就跟小孩子一样，总觉得自己很特殊。他们追求关注，或者是所有人的瞩目（如走在红地毯上的明星们），或者是你一个人的注意（如果他们是你的客户、病人、老板、朋友、恋人等）。为了获得你的关注，他们甚至会在人们中间制造不和并借机乘虚而入，其技巧尤为高超。

他们在情感上高度依赖别人，常常会表现出幼稚的奉承和崇拜，将对方说成是“最好的恋人”、“最棒的医生”、“最有才华的专家”、“最完美的朋友”……但是，倘若你在某个（些）方面不合他们的心意了，或表现得心烦、冷漠了，或他们对你感到厌倦了，那么他们就立刻翻脸不认人，瞬间化友为敌。他们翻脸简直比翻书还快，你先前的优点和好处一闪而光，他们心里剩下的，只有自己的需求，或者是你的过失，或是他们臆测到的怠慢或侮辱（不管有多么微不足道）。

具有情绪不稳定人格的人的行为往往会逼得对方去疏远他

们，因为他们总在挑战对方的原则和底线，太爱管闲事，太过苛求，太没有分寸，太黏人，太急躁。不论是在工作还是生活中，一旦你迁就了他们，他们就立刻得寸进尺，要占用你更多的时间，要更多的特殊对待，要更多的关心关注，甚至挑战你的原则和底线。如果你不去迎合他们，他们就会立刻指责你不关心他们、不在乎他们、不可靠。从某种程度上来看，他们的反应跟小孩子很相似，稍有不遂心意的地方，就立刻大嚷："我再不喜欢你了！"

在他们眼里，界限或社会规则是不存在的。因为他们害怕被抛弃，所以，只要他们有情感需求了，你就得立刻出现在他们身边。他们要立刻接到你的电话、看到你写的邮件、你发的短信，且不管你的日程安排怎样、是否方便、是否愿意……如果他们手里有你的手机号码或办公室座机号码，那就连老天爷都帮不了你了，自求多福吧。

很多医生都对我说过，这种人前来看病时从不预约，并且来了就要求医生接待，从不排队。如被告知这样做不符合规定，他们就勃然大怒，大声训斥医生和工作人员。曾有这样一件真事：某位此类人格的病人怒不可遏摔门而去，把墙上的画都震掉了，把其他候诊的病人都吓呆了。对具有情绪不稳定人格的人来说，从喜到怒、由爱到恨的瞬间转变正是其典型特征。

有些具有情绪不稳定人格的人会通过跟踪、监视、偷看信件、偷听电话，或者突然造访的形式，来检验其恋人、配偶，甚至孩子们的忠诚。他们会不远万里跟踪前任恋人的足迹，或以一种恐怖的恒心和毅力跟踪他们上下班。此时的他们，其实与“跟踪狂”没什么两样，却更具危险性。

他们常常会毁坏目标人物的汽车、房子，给后者带来巨大经济损失；有时他们会闯入前任恋人的办公室闹事，或在汽车仪表盘上、在语音信箱里写下、录下恶毒的留言。现在有了社交媒体的帮助，他们更是如虎添翼，造成的影响和伤害也更严重。他们一旦被激怒是无法阻挡的，甚至连法律都不怕。

2000 年 4 月，佛罗里达州墨西哥湾区的一个警察局请我帮忙调查一宗疑案。一位名叫希拉的女士声称自己在过去 5 年时间里被强奸了三次，每次行凶者都是陌生人，并且每次都是发生在她的汽车里。负责这起案件的警官希望我能对整个案子进行分析，甚至连受害者都包括在内，因为，在这个强奸案罕见的小城里，同一个人在 5 年时间里被强奸三次简直令人不敢相信。

他们问我的第一个问题就很难回答：“她是在说谎吗？”我对警官们说，谎言很难识别，但我们可以通过问问题来找到事件的真相。

我回顾了全部三起案件，发现了一些奇怪的地方：一是这三起案件都是发生在 7 月末或 8 月初。二是每一次给她查体时，法医都找不到精液的痕迹。三是她曾对疑犯做过详细的描述，但符合其描述特征的人及其所驾驶汽车的数量太多，反而令侦查无法进行下去。

轮到我做问询时，已经没什么好问的了，于是我说："咱们到警局的车库看看吧，跟我们讲讲疑犯是怎么上你的汽车的。"正是在那里一切才水落石出。希拉的故事乍听起来的确可信，但问及每次疑犯侵犯她的地点时，她自己都迷糊了，她的回答或者是与报案时大相径庭，或者是不合逻辑。比如说，她说有一次疑犯（拿着刀）放开她，走到了副驾驶座那边，打开了车门——这时她只需按一下开关、锁上车门，就能保证自己的安全了。

面对这些前后矛盾和问题，她开始哭了起来，并最终承认是在说谎，自己从未遭遇强奸。

为了调查这起"案件"，这座小城花掉了数万美元经费，还截停过大量汽车进行检查盘问，她这么做是为了什么？因为——她是情绪不稳定型人格。后来，在与她的同事、朋友、家人谈过之后，也证实了这一点。在暑期放假期间（她是老师），她需要别人的关注。每次她打电话报警时，警方都会立刻做出回应，医务人员会立刻前来照顾她，刑事律师会立刻找上门来，朋友和家人也都陪在她的身边；在急诊室里，她得到的是更温暖的关怀和照顾；为了破案，警察也会常常找她配合调查……只需一个电话就能让她获得连续好几个星期的关注。

希拉本该因为报假案而受到起诉，但在一位心理医生的建议下，检方对她免予起诉，但要求她立刻辞职并从这个城市搬走。以上又是一个与具有情绪不稳定人格的人相处的事例——他们在情感上苛求无度，甚至信口雌黄。

控制欲强

具有情绪不稳定人格的人会通过哭喊、发怒、数落、装病、诱惑、朝三暮四、做出危险举动等手段来得到他人的关爱、关心、注意，或为所欲为。“不”这个词在他们听来根本就不是否定；倘若他们再有一些孩子般的执拗的话，那么，“不”就约等于“也许”，并最终会变成“行”。

他们也许会通过谎言或诡计来获取关注（如告诉男友说自己怀孕了，以期挽救一段行将破裂的恋情；或声称自己与第三者发生了性关系，以赚取对方的羡慕和嫉妒），他们欺骗和摆布别人的能力令人震惊。

他们对人的控制，有时会因为施加在小孩或单纯的人身上而不露痕迹。一位在麦克迪尔空军基地服役的年轻军官曾对我说，他妈妈几乎每天都会对他妹妹说：“你不会结婚的，对吧？你会一直照顾我的，对吧？”她说这些话可不是在开玩笑，而是在蛊惑他的妹妹：你这一生只有一个目标，那就是照顾我、给我养老送终。他从未听过他妈妈说过这样的话：“去好好玩吧，不用担心我。”太可悲了。具有情绪不稳定人格的人跟具备自恋型人格的人一样，都对人苛求无度，并且总是在挑战他人的底线和原则；然而，因为他们比具备自恋型人格的人的情感需求更为旺盛，所以，他们更具危险性。

若说到控制、摆布别人，最厉害的方式莫过于以死相逼。具有情绪不稳定人格的人对其自身来说也是一种危险源，当他们威胁，或真的做出自残举动时尤其如此。在他们感到痛苦、烦恼、孤独，或感觉就要被人抛弃时，上述危险举动的出现概率会大大增加。

被人以死相逼总是令人不安，但应对这类事件的最佳方式就是保持镇定。你首先要做的就是告诉对方你要报警了（警察、消防队、救护车等），接着立刻拨打电话。不论他们的举动是真是假，是吓唬人还是来真的，你都必须让专业人士前来应对，而其极端行为也使得你别无选择。平常人是没有能力应对、解决这类问题的，应该找专业人士介入才行。

以我的经验而言，一旦你打了报警电话，这类人就会马上改变主意；有时候，甚至你刚刚要打电话，他们就住手了。话虽如此，请大家一定牢记：自残或以死相逼决不可等闲视之，一定要严肃对待。你不是心理治疗师，所以最好把这件事交给专业人士来处理，因为这类人连自己都伤害（他们真的做得到）。通过向专业人士求助，你不仅是做了一件符合道德规范的事，还避免了被人要挟操纵的命运。你不是木偶，谁都没有权利要挟、控制你，哪怕他们再烦恼、再痛苦都不行。

在一次会议上我曾遇到一位男士，他对我说，每次跟妻子吵得不可开交而她又占不到优势时，她就会以自残或自杀来作要挟。在他痛苦的婚姻历程中，她先后20多次以死相逼。他曾多次考虑拨打求救电话，但每次都劝自己说，这是最后一次了；再说，他也不愿把这种事传出去，让自己和家庭出丑丢人……听到这种事，大家觉得惊讶吗？其实一点儿都不奇怪，容忍和逼迫本来就是你退我进的关系。如果你答应了他们，或仁慈而天真地纵容了他们，那么，你就会跟上面这名男士一样被对方牢牢控制在手心里，为所欲为。为什么？因为他们真的做得出来；因为对他们而言，做这种事毫无顾虑；因为他们没有自制力。只有专业人士才能帮助他们，但前提是——他们得愿意接受帮助。

如果他们得不到自己想要的东西，又失去了对目标的控制，那么他们很可能会"毁掉"对方。记住，这些人的行为方式在程度上有所差异，有些人仅仅是令人感到不愉快，有些人则是性格残忍，在一定条件下甚至会升级到凶残的地步。随便翻开某个大城市的地方性报纸，大家都能在上面找到这类报道：通常是在家庭事务中，他们总是惹出纠纷，并逐渐变成更大的纠纷、混乱、暴力，甚至致人死亡。

1988年著名喜剧演员菲尔·哈特曼的惨死就是与情绪不稳定型人格共同生活的结果：他被妻子布琳开枪打死，后者随后开枪自杀。多年以来，他的朋友们都知道布琳的性格有问题，也都了解她骤变的情绪给哈特曼的婚姻所造成的危害，而他们都未料到会出现这种惨剧；而哈特曼夫妇的两个孩子一辈子都将生活在这个阴影之中。令人痛心的是，类似事件比比皆是，数不胜数。

毫不讲理，非此即彼

在具有情绪不稳定人格的人心烦或发作的时候，不要指望他们还能保持理智。他们在紧张或面对批评时，其情感往往会压倒理智。他们的思维是二元的：非此即彼，非好即坏，非黑即白……绝无其他选项。只要不是站在他们这边，就是跟他们作对；不是朋友，就是敌人。

他们会当众检验别人对他们的忠诚，问对方这样的问题：“你听他的还是听我的？你跟谁一伙的？”这种公然对别人施加操纵的行为是很讨厌、很令人尴尬的，那是小学生们的行径。但是，这类人就是如此。

他们的行为跟思维一样，都难以预测。你永远猜不到他们下一步会干什么。有位男士曾告诉我，有一次他开车带着全家去 100 英里外过一个三天的假期，在路上，他的妻子，一个情绪严重不稳定的人，逮着一件小事发作起来。当她发现孩子们都是站在爸爸这一边时，又开始训斥孩子。而随后发生的事，即便是对久已习惯了妻子性格的他来说也觉得惊心动魄——她怒容满面，大喊道：“掉头回去！不然我就跳车！”说着，就打开车门探出身去。孩子们都吓得大叫起来，因为当时他们正以每小时 65 英里[4] 的速度行驶在高速公路上……又一个假期泡汤了，孩子们都吓得瑟瑟发抖、哭个不停，酒店定金也都白扔了……这一切竟然仅仅是因为——他忘了带上她的防晒霜。这种行为是不可原谅的，她给丈夫和孩子们所造成的创伤将是一个持续多年的噩梦。人的记忆是无法消除的，而对目睹了此类事件的孩子们来说，其留下的心理阴影就是与具有情绪不稳定人格的人共同生活的代价。

有些具有情绪不稳定人格的人对新异事物没有抵抗力。有些人会去追捧某些“大师”和教派领袖，因为后者代表的是一个严密的信仰体系。他们迷恋教派（邪教），因为在那里他们会获得他人的关注，因为教众之间会无条件接受彼此，因为教派拥有正常社会中没有的体系结构。轻信、崇拜教派和江湖骗子往往会使他们被人利用，而当家人或爱人试图把他们从中拉出来时，就会引发争执吵架，因为他们觉得那是在浪费他们的时间和金钱、破坏他们的福气和好运。想一想前文所述“曼森家族”的头领、惯犯、杀人犯查尔斯·曼森，他的追随者都是些什么人？他们竟然觉得曼森的行径是好的。

冲动，任性，追求快感

也许是因为感觉良好，也许是想摆脱负面情绪，这种人的言行往往冲动、鲁莽、任性。他们或者会一时兴起，做出危及自己或他人的事；或者会在极不恰当的时机出现不妥当、冒犯他人、引人注目的言行。他们常被视作"麻烦包""惹事精""无赖""讨厌鬼""小题大做""脑子进水"……

他们常常会爆出绯闻，以此获得外界关注。比如说，真人秀明星、"花花公子"模特安娜·尼克尔·史密斯去世时，很多男人都站出来宣称是其孩子的生父；很显然，他们都跟安娜发生过性关系。

这类人将性视作万能良药，纵情声色的同时也收获着恶果。他们可能有数不清的情人，也可能经受过性病、妒忌、意外怀孕、暴力的侵扰；但他们得不到温情，也得不到爱。电影《寻找顾巴先生》（*Looking for Mr. Goodbar*）所描述的正是这种人，黛安·基顿饰演的特丽萨·邓恩一直通过性爱来获得亲密感，但其情感的空虚却从未满足。

他们可能会跟坏孩子或"不三不四"的人混在一起，而对具有情绪不稳定人格的人来说，这是最可悲的事。对身为父母的人来说，看着自己年轻的儿女青春虚度、每每行走在危机边缘，这种情感打击是巨大的。而且，情绪不稳定型人格的女性常常会被目无法纪的"掠夺者"所吸引。大家还记得邦妮·派克[5]吗？她跟克莱德·巴罗（1909年3月24日—1934年5月23日）私奔，此后他们成了美国历史上臭名昭著的"雌雄大盗"。他们于20世纪30年代在美国中部犯下多起劫案，杀害了9名警察及多名平民。1934年5月23日，两人被路易斯安那州警方设伏击毙)。据说，她就属于情绪不稳定型人格，这在其行为方式上早就有所体现，而这也直接导致了她的悲剧性死亡。

如果他们凭借酗酒、吸毒来应对外界压力的话，其理智将被化学毒素进一步腐蚀，其身体健康也相应受到多种损害。

有些人的行为会变得冲动、病态或具有破坏性，尽管表面上看起来不至于太糟，但其具体表现——商店偷窃、离家出走、赌博、暴饮暴食、鲁莽驾驶、贪食症……都会给他们、他们的家人以及整个社会带来危害。

他们往往具有一些强迫性的寻求快感或伤痛的倾向，因为对他们来说，这两种感觉是一样的。在这些人身上，自残行为并不罕见：用利器割伤自己，拿香烟在身上烫，喜欢揭抠伤疤，拔毛发，甚至用头撞墙……为的是能获得某种快感，或摆脱某种负面情绪。

他们有时候会说自己很烦、很空虚。玛丽莲·梦露就常对理疗师和朋友们说，尽管有很多仰慕者、情人，这种长期的空虚感始终无法填补。

还有些人总是喜欢激怒别人，或喜欢寻衅吵架，他们好像是在冲突和对抗中才能得到快感。有的心理医生说，他们伤害别人的行为属于施虐狂倾向，渴望受到伤害的行为属于受虐狂倾向，“施虐”和“受虐”二者同时存在，他们则从中获得快感。我曾问过一个这样的人：“你为什么这么对待他？”她的回答彰显了此类人的心理：“因为，只有这样我才能惹他生气发火，只有在这个时候我才能看到他的生机和活力。”她微笑着答道。

情绪不稳定型人格的特征词汇

在本书第一章我曾提到过，多年以来，我一直从那些与具有情绪不稳定人格的人相处过的人，或受其所害的人那里收集描述词。下面列出的词就是他们对情绪不稳定型人格的描述，未经任何改动：

不正常、冷漠、迷人、愤怒、蠢货、浑蛋、强大、有吸引力、令人迷惑、泼妇、尖刻、反常、悲惨、善变、混乱、黏人、冷淡、总是在抱怨、矛盾、困惑、诡计多端、恐怖、妖艳、复杂、控制欲强、疯子、令人毛骨悚然、挑剔、苛求、残忍、狡猾、危险、虚伪、萎靡、妄想、没人性、要求过高、贬损、诋毁、不顾一切、有害、沮丧、抑郁、没有条理、幻想破灭、杂乱、令人不安、不友好、女神、令人身心疲惫、夸张、失落、失调、情绪化、空虚、嫉妒、古怪、气人、刺激、暴躁、可怕、风骚、轻浮、捉摸不定、吓人、失意、令人失望、讨厌、歇斯底里、表演、不稳定、难以忍受、冲动、不妥当、不完整、前后矛盾、不可信、不安定、紧张、难懂、无理取闹、急躁、烦人、不可靠、好色、淫荡、致命、说谎精、满口谎言、活泼、疯子、贪婪、恶毒、受虐狂、卑鄙、反复无常、刻薄、喜怒无常、病态、脾气不好、否定论者、不小心、神经病、古怪、花痴、怪人、令人不快、费解、可怜、讨厌鬼、惹事、精神病、女王、发怒、无情、愤怒、大胆、虐待狂、威胁、尖刻、阴谋家、恼怒、摇摆不定、性感、狐狸精、妖娆、妩媚、易怒、有病、令人作呕、特别、跟踪者、暴怒、令人窒息、自杀、发脾气、脾气不定、暴乱、紧张、威胁、恼人、折磨、摧残、蹂躏、暴风雨、狂暴、不知好歹、放肆、心不在焉、不可靠、不原谅人、忘恩负义、不快乐、精神错乱、难以捉摸、不可理喻、不可信赖、易变、不可信、倔、睚眦必报、受害者、爱报复、暴力、刁蛮、不稳定、怪异、不道德。

情绪不稳定型人格对他人的影响

正常人很容易会被这种人的崇拜和情感需求所迷惑，但最终会被其控制欲、反复无常的情绪、易怒的脾气折磨得身心疲惫。他们情绪不好的时候，你得安慰他们；他们因自己的危险行为而陷入麻烦时，你得救他们；如果你未能遂他们的心意，你就立刻会变成他们怒气的发泄目标。你跟他们的关系越是亲密，就越容易受到他们的伤害，因为他们往往是选择亲近的人发火。

他们会在衣服、毒品、性、赌博等方面挥霍钱财；如果他们因为醉酒驾驶、斗殴、持有毒品、卖淫嫖娼等被捕，你得为他们支付律师费和保释金；他们会哄骗、诱惑你为了他们去借贷；他们会偷你的钱去吸毒或找乐子。如果他们自己很有钱，你将会目睹他们为求欢乐挥金如土的样子；如果他们没有钱，你和我就是他们的提款机。

一旦跟这种人有所牵连，就得整天提心吊胆，再也没有轻松自在的感觉，再也没有属于自己的美好时光。你的生活从此就将受其情绪的左右。这个不会惹怒他吧？他会生气吗？孩子考得不好，回家会挨打吗？他会偷东西吗？他会毫无廉耻地跟人打情骂俏吗？很多人告诉我说，自从跟这种人在一起，他们就时刻战战兢兢，随时准备着为自己、为自己的行为辩解，发展到最后，是保护自己的尊严不受践踏。

根据从其亲属那里得来的信息，如果跟这样的人共同生活，很可能会承受焦虑和慢性压力的损害，不久之后你的情绪就会随着他们善变的情绪而起伏，因为你的原则和底线不断受其冲击，而你唯一能做的就是苦苦坚守。抗拒他们的控制和摆布并保持自我异常艰难，必将耗尽你的心神精力。很多人都说自己因此产生了睡眠障碍，变得消沉抑郁，并且，与先前相比，会做出很多异常的行为，变得焦躁易怒。

具有情绪不稳定人格的人的愤怒会从言语到身体冲突逐渐升级：扔东西、毁坏物品、打人、过度惩罚孩子……一位女士曾对我说，小时候，她妈妈每天都拿刮铲打她。有位经理说，他下班回家时发现妻子用美工刀把他所有的西服都割成了布条，原因是前一天晚上两人吵过架。还有，吵架时，一盘子面条，甚至是一罐调味酱摔到墙上。还有人说过自己珍藏的纪念品、礼物被摔碎，甚至迎面飞来“夺命菜刀”……这些事简直让人难以相信，但确确实实存在着。又因为美国是允许私人持有枪支的，所以，在盛怒之下动枪的都有。因此警察们才会认为，因“家庭事务”报的警很危险，因为牵扯进来的往往是情绪不稳定型人格，而一旦后者受到了毒品和酒精的影响，就更可怕了。

到如今，影星琼·克劳馥[6]对其养女克里斯蒂娜·克劳馥的残暴虐待已经人尽皆知。我建议大家去读读克里斯蒂娜所写《亲爱的妈咪》（*Mommie Dearest*）这本书，但最好不要在睡前读，否则你会无法入睡。这就是跟具有情绪不稳定人格的人共同生活的写照。

这种人反复无常的情绪会影响到一个整体，不论是在家里，在团队里，还是在工作中，没有人愿意成为他们宣泄的目标，大家都战战兢兢地跟他们相处，不敢对他们说“不”字，也不敢跟他们开口说坏消息。

若是男性具有情绪不稳定型人格，那么出现危险和暴力的可能性就更大了。那些在周末或下班后一进家门就殴打配偶的男人就是这样。警官们对这类家庭事务非常熟悉，不过是类似的角色在重复一个相同的脚本：某个具有情绪不稳定人格的人把暴力虐待配偶——推搡、拳击、抱摔、掐脖子、捂口鼻、捆绑、烧灼等当成了惯例。他们从中能够获得快感，这就是他们虐待狂的一面。

跟这种人打交道会有生命危险吗？虽然不绝对，但答案是肯定的。记住，他们害怕被人抛弃。他们认为，如果他们不能拥有你，那么别人也不可以。以朱迪·阿里亚斯为例，2013年其杀人案被审理时，诸多媒体都以头条报道了此事。2008年她残忍地杀害了前男友特拉维斯·亚历山大，其情节连1987年上演的《致命吸引力》(*Fatal Attraction*)一片都相形见绌。特拉维斯·亚历山大再怎么说也不该遭受这种残忍的杀害——她对他连刺27刀，割喉，又一枪爆头——但很可惜，他遇上的是一个害怕被人抛弃的具有情绪不稳定人格的人。这只是一个因为媒体大肆报道而众所周知的事件，每年美国都有数以千计类似事件发生——那些有暴力倾向的具有情绪不稳定人格的人正在对其恋人或前恋人虎视眈眈，而这些事件往往会以受伤或死亡结束。

☀ 具有情绪不稳定人格的人的人际关系

跟具备自恋型人格的人一样，具有情绪不稳定人格的人在恋爱中也属于快热型的。但二者的动机不同，前者是为了占据优势或统治地位，而后者是为了迅速获得安稳感和爱慕感。他们希望把这种快感永远持续下去，所以往往会逼迫对方做出各种承诺，但即使他们如愿以偿了，那种情感的空虚感依然会存在、无法得到消解。

为了拉近彼此的关系，他们的言行往往超出正常人的理解范围，常常会与你肆无忌惮地调情，或做出难以置信、离谱的告白。有位男士曾对我说，他跟一位女士（后来才发现她是情绪不稳定型人格）才刚刚认识了几分钟时间，她就开口说："你不知道你对我来说意味着什么。"他继续回忆道："她就那样腻在我身边，抓着我的手久久不放，身子都快倒在我怀里了。太尴尬了。她还说我在她眼里是多么多么'特别'，她晚上会梦到我……"这种事就发生在一次商务会议上，不用说，那时他已经吓傻了。

这并不奇怪，考虑到他们对情感的需求程度，这种类似初中生的痴情告白并不罕见。值得大家惊讶的是——人们太容易上当了，而情绪不稳定型人格也知道这一点，于是上钩的人大有人在。可悲的是，大家事先都不知道，那些被这种人抓住的猎物最终都会被其逼迫得近乎窒息，拼命从这个泥潭里抽身而出。

起初你体会到的是甜美的爱慕和火热的性爱；接着情况便急转直下，你接触到的将是无休止的愤怒和尖酸的言语；你若想结束这段感情抽身而出，他们就会变得狂乱，疯了一般把你留住，这时你经历的将是猛烈的痛斥和贬损。即使你在上班，他们也会闯入你的办公室无理取闹、丢人现眼；或者一个小时里给你打来10多个电话；或者去刮花你的车门；或者给你上司打电话，说你是个“贱人”、“荡妇”……从那些跟这类人共同生活的人口中，你会听到这样的描述：他们对你大吵大闹、连咒带骂，但就是不愿跟你分手。

即便是你们分手了，你也得对他们保持忠诚。他们会跟踪你，偷看你的信件，威胁你，打你，闯进你家，乱翻你的东西，质询你现在的恋人是什么情况……多年以来，妮克尔·布朗·辛普森曾多次向警察说过类似事件，但并未得到重视，最后被残忍杀害。据妮克尔·布朗·辛普森所说，其前夫O.J.辛普森即便在他们离婚之后都不愿放手，常常到她家里来，威胁她，殴打她。在警方拍摄的照片中，我们能看到妮克尔·布朗·辛普森脸上的创伤，那就是情绪不稳定型人格暴力的一面的体现[7]。

他们可能会骚扰你的父母、朋友或社交圈，如果他们手里有你的裸照或其他把柄，他们一定会用来对付你。只要是你能想象得到的，他们都能做得出来；即便是你想象不到的，他们也能做得出来。一位女士曾对我说，自从她跟某个男士分手后，她每结交一个新男友，他就在后者的车窗上留下字条，说她是个“贱人”、“荡妇”。

跟这种男士交往过的女士也许会想“他会好转的”或“这是最后一次了”或“我能让他改正过来”，但是不可能。这类人中的绝大多数是不可能改变的。一位女警官曾对我说，她用了3年时间才跟一个总是殴打她的男人彻底断绝了关系。连这位受过专业训练的执法人员都发现自己的情感遭到绑架，她羞于向外界寻求帮助，以为自己能把他“纠正”过来，却反而受其所制，苦苦挣扎。这种事可能会发生在任何人身上。在此我要重申一遍：要想情况发生转变，除非具有情绪不稳定人格的人痛改前非，而这种事又是他们极少会做的。

如果你离异且带着小孩，又跟这种人产生恋情的话，那么你就把你以及你的孩子都置于心理和身体的危机边缘。我这些话都是从多年的执法经验中总结而来的：给孩子尤其那些不是自己亲生的孩子带来心理或身体伤害正是具有情绪不稳定人格的人的天性。

前面我曾说到过一名女士，她说自己的母亲在她小时候总是拿刮铲打她。在打完之后，她总会对女儿这样说：“看看你都把我逼成什么样子了？来，过来抱抱我。”而这种病态的行为已经不是我第一次听到了。在读过我写的书和文章之后，很多来自世界各地的青年人给我来信，说他们的母亲是怎样为了一点儿鸡毛蒜皮的小事用炊具、扫帚、旧皮带打他们，过后又要求孩子们去安慰她。稍有点辨别能力的人都能明白这种事背后隐藏着多大的危险性。

如果孩子说自己不快乐、心烦，他们就会这样敷衍："得了吧，哪有那么严重。"或"坚强点，这点事很容易克服的。"如果孩子要求拥抱或关怀，这种自私的家长就会说："你先别哭丧着脸再说。"或"你没看见我正忙着吗？"然后把孩子扔在远超其应对范围的空虚感中，让他们独自面对。这就是情绪不稳定型人格对下一代人的影响。

这种孩子是带着巨大的心理创伤长大的。其父母给他们灌输的人生哲理令人心酸：扼杀你的个人情感，无视你的需求，不是找打就是找骂，永远别对我说"不"，不要大惊小怪，你根本无关紧要……不管干什么，首先要考虑到父母的感受。他们因此而变得畏首畏尾、小心翼翼，把自己的情感深深埋藏起来，或者做出极端举动以获得关注，或者学会撒谎，吸毒，若有人稍微对其有点关心，便投入其怀抱……他们还可能变成痞子恶霸，秉持的是"趁别人还未伤害我，我先下手为强"这一从其情感反复无常的父母那里学来的信条。并且，他们总是战战兢兢，总像是在走钢丝一样；因为他们从小就受父母影响，变得既胆小又警惕，永远都不知道父母下一刻的心情如何，不知道父母会作何反应……这绝不是正常的成长之路。

想象一下，当同龄人沐浴在父慈母爱中幸福长大，而你每天都要经受虐待和折磨时，你心里会作何感想。所以，每当有已经成年的孩子给我写信说他们正在“盼着父母快点死”和“希望他们晚点死”之间左右为难时，我一点儿都不觉得奇怪。他们说，之所以会感到为难，是因为他们尚未决定是“干脆不去参加父母的葬礼”还是“假装深爱着父母而前去参加葬礼”。正如一名女士对我说的那样：“我想要的只是一点儿母爱而已。很难吗？你知道从自己亲妈那里都得不到爱是什么感受吗？什么时候她死了，我也就解脱了。”

如果你的另一半，亦即你孩子的父亲或母亲属于这种情况，那么保护孩子的安全、给他们提供庇护就是你的责任。可悲的是，以我的经验来看，大多数人都做不到，因为他们害怕面对配偶那火山喷发一般的情感起伏。对那些无知而弱小的孩子来说，这种行为无异于帮倒忙，给他们造成的创伤更大。如果与这种配偶断绝关系，并夺得孩子的监护权不可行的话，你就得想方设法定下各种原则和底线，以期保护孩子，并为其提供心理和情感的缓冲（如鼓励孩子去从事各种爱好活动——课外活动、兴趣爱好、体育运动、读书、音乐、美术等），尽量让孩子远离你那“有害”的配偶。但是，实话实说，这种话也许连心理理疗师都不会对你说——为了你和孩子的幸福，请保护好你的孩子，带着他们离开吧。

与情绪不稳定型人格相处

具有情绪不稳定人格的人往往带有一种伪装，以此在社会上行走，但其伪装无法长久。从很多委婉的描述中你就能够听出端倪："我的邻居脾气很急躁。""我的同事很疯狂。""公主殿下又发怒了。""他有点暴躁。""这里真够热闹的。"……我觉得，我们不应该讳言那些可能会伤害我们的事，也无须粉饰太平。通过其言行，这种人已经摆明了自己是具有情绪不稳定人格的人，是害群之马；而其言行也会导致别人的消极应对，或引发不必要的人际矛盾。

还有这样的迹象：在工作中，大家都千方百计地避免跟这种具有情绪不稳定人格的人打交道。其名声也早就人尽皆知。人们会说这样的话："他也在这个团队里吗？""他也参加这个项目吗？""他也在这个委员会里吗？""他也参加这次活动吗？""哦，要是这样的话，我就退出吧。""我还是不参加了。"大家都尽力避免跟他们交流通话，不愿与其共事或共同参加社交活动，不愿坐在他们旁边，甚至在安排会议、活动和分享信息时，都尽量把这些"毒瘤"排除在外。

在电影《穿普拉达的女魔头》(*The Devil Wears Prada*)中，美国著名女演员梅丽尔·斯特里普完美演绎了一个令人恐怖的角色：王牌时尚杂志总编米兰达·普雷斯特里。影片中，总编助理是这么描述她的："米兰达·普雷斯特里很难相处。过去一直是这样，将来也是如此。在她手下工作，不要妄想取悦她，能坚持住就是最大的成功了。”这就是与属于情绪不稳定型人格的老板、教练、经理、上司等共处的真实写照：你任劳任怨、废寝忘食地工作，却永远得不到他们的欣赏；有了坏消息，谁都不敢开口告诉他们；没有人敢说某事做不到。

有时候，这种人也有能力把工作做成，在外人眼里——如公司的高层主管、军队的高级官员等——情况似乎很好。但是，跟那些与他们共事的人谈谈，你就能听到这样的说法：有人被他们厉声责骂，有人被他们无情贬损抨击，他们故意在士兵们中间制造不和……是的，他们的确把工作完成了，可代价呢？他们所导致的营业额损失、员工带薪病假、医疗保险，甚至法律诉讼等都不容小视。

读一读报纸或传记，大家就能发现大量带有情绪不稳定型人格痕迹的人物。看过、听过媒体对其言行的叙述，大家往往会轻易做出判断，说某某人属于某某危险性格；但这样做是欠妥当的，原因在于：第一，我们不知道其言行的具体情况如何，也不知道他们这样做是否别有苦衷、情有可原。比如说，2011 年创作型歌手艾米·怀恩豪斯死于酒精中毒，从表面上看，她似乎符合很多情绪不稳定型人格的特征。也许她是具有情绪不稳定人格的人，也许不是，其真正细节大多数人都无从得知。所以，尽管我们会在读到或看到新闻报道时感到震惊，并产生戒备之心；但通常情况下还是需要更多的信息才能真正判断某人是否属于情绪不稳定型人格或其他危险人格的具有者。

第二，本书所阐述的辨别方法完全以你的直接观察，而不是从新闻媒体中得到的信息为依据。所以，虽说看到媒体报道时我们会心生担忧，但在对此人进行评估时仍要保持谨慎。不论是在政界、娱乐界还是在生活中，某些耸人听闻的事情必然会引起我们的关注，但是，除非是亲眼所见或亲身经历，否则就不要过于肯定地认为此人就是具有情绪不稳定人格的人。

跟本书所述的其他危险人格一样，除非具有情绪不稳定人格的人做出一些离谱、怪异或犯罪的事来，否则很难被公众察觉。大多数情况下，具有情绪不稳定人格的人的危害极具隐蔽性，常常是在极为私密的地方，一对一地面对受害人。甚至是在宾夕法尼亚大街 1600 号——美国白宫里也是如此。大多数人都不知道，玛丽·托德·林肯——美国第 16 任总统亚伯拉罕·林肯的妻子——臭名昭著的情绪不稳定型人格给二人的夫妻关系、给联邦政府、给整个白宫造成了怎样的麻烦。

当然，也有些人由于身处娱乐界而在媒体上的曝光率很高，但在大多数情况下，他们的恶行都是极为私密的。我从受害者口里听到的最多的一句话就是："我只有独自承受。"

话虽如此，每当我看到、听说，或遇见某种人，或者总是破坏社会原则和底线，或者脾气火爆、喜怒无常，或者令我和别人感觉不安并受到践踏，或者喜欢寻衅吵架斗殴，每当碰到这些的时候，我心中的"安全警报"就会响起，接着我就开始留心，看看这个人是不是一个具有情绪不稳定人格的人，从而可以采取措施保护自己、保护我的亲人。你也应该这样做。

危险人格清单：情绪不稳定型人格的征兆

在本书前言中我曾提到过，在多年的工作中，我根据危险人格的行为方式制定了一份清单，以此来辨别危险人格。下面列出的这份清单将帮助大家辨别某人是否属于情绪不稳定型人格，以及其情绪不稳定的程度：言行夸张、令人厌烦；尖酸刻薄、喜怒无常；威胁他人、置人于危险境地。在这份清单的帮助下，大家能够对如何与其打交道有个清晰的脉络，能够更为确切地判断其恶劣程度及是否会给你或他人带来威胁。

本章的这份清单，以及本书中其他“危险人格清单”，其设计目的都是供你我这种没有专业心理知识的人日常使用。它不是心理诊断工具，其设计宗旨是教给大家一些实用的知识和信息，并对大家目睹或亲身经历的某些事情进行验证。

请大家仔细阅读每一条陈述，在符合他们特征的条目前打上对号。一定要做到实事求是，回想一下他们的言行，或别人是怎么对你描述这个人的。当然，最可靠的还是第一手资料：想想你亲眼目睹到的，以及你在其左右或与其打交道时的感觉。

只选符合特征的条目，不要猜测，也不要想当然。如果感觉模棱两可，就不要勾选。有些陈述看起来与其他条目重复或意思相近——我是故意这样安排的，因为经历和描述会因人而异，存在细微差别。

为保证测试结果的可靠性，请大家务必做完125个测试条目。在一份做完的清单里，有些甚至是你从未考虑过的情况，还有些条目会让你想起一些忘记的事。所以，请务必逐条阅读，千万不要感觉不耐烦，也不要因为觉得前面几条都不符合就坚持不下去。

做完之后请核对分数并查看结果分析，现在，请大家认真阅读清单。

请逐条阅读，在符合特征的条目前打上对号：

□ 1. 与这个人相处时，你总是得为自己辩解。

□ 2. 此人生气或发怒的时机和地点非常不妥当。

□ 3. 自从认识了这个人，或自从与其确立了关系，你就发现自己高兴的时候越来越少，越来越不自信，也越来越不敢肯定自己。

□ 4. 跟这个人相处就像坐过山车，其情绪起伏的冲击力太大。

□ 5. 你无法认同或肯定这个人言行的后果，或其言行对他人（包括其家人或整个社会）产生的影响。

□ 6. 有时候会做出“不合适”或“离谱”的行为。

□ 7. 在压力之下常常会崩溃。

□ 8. 原本几分钟就可以熄火的争吵，往往会持续几个小时甚至几天时间，不想终结争端，也不愿寻求转机。

□ 9. 总在“高贵”和“低贱”两个角色之间来回转换。

□ 10. 讨厌独处，总要有人相伴。

□ 11. 曾用自杀来威胁你或别人。

□ 12. 恐慌、焦虑、易怒、悲伤、生气是其常见的情绪状态。

□ 13. 常常感觉或表达自己的空虚感，极易变得厌烦无聊，需要刺激。

□ 14. 曾对家人暴怒发火。

□ 15. 经常与人吵架，甚至发生身体对抗。

□ 16. 争吵是其生活的重要组成部分。

□ 17. 与这个人相处时，你无法放松、冷静、放下戒心。

□ 18. 你曾多次听说某人或某群人对此人耿耿于怀，并密谋与之作对。

□ 19. 同事们说此人“很麻烦”、“没办法共事”、“令人恼火”或“难以忍受”。

□ 20. 与这个人相处，你会觉得身心疲惫。

□ 21. 跟这个人相处几个小时之后，你就感觉自己的世界变得上下颠倒，心里还在纳闷：“这是怎么回事？”

□ 22. 与其关系最近的人（如你，他们的家人、孩子、配偶等）总是在私底下互相打问此人目前“情绪如何”。

□ 23. 无比疯狂地竭力避免被朋友或恋人抛弃（不管是真的还是他们假想的）。

□ 24. 有时候，与当时的情况相比，其行为过于夸张和戏剧化。

□ 25. 此人与人争论时往往激烈而尖刻，满口都是谩骂和诅咒。

□ 26. 在要求别人给予支持、关注、时间或金钱时，会过度苛求。

□ 27. 在生气或反对时，曾扔、撕东西，或打碎物品。

□ 28. 为避免被抛弃，曾经以死相逼。

□ 29. 喜欢沉浸在争吵和无尽的刻薄攻击中，不愿和解。

□ 30. 别人常说这个人“难以捉摸”、“不可靠”、“反复无常”。

□ 31. 产生新恋情的速度太快、情感太激烈。

□ 32. 喜欢文身，因为“感觉很好”。

□ 33. 长时间感觉委屈愤懑。

□ 34. 极易批评诋毁别人，令人蒙羞或尴尬。

□ 35. 口口声声说宽恕和原谅，但从来都做不到，总把别人的过失和错误牢记在心，以备将来吵架时拿出来用。

□ 36. 脾气火爆，极易受到挫折。

□ 37. 无法做到始终如一的同情、关心和爱。

□ 38. 别人跟这个人说话时，开口第一句往往是“别伤心了……”或“别不高兴了……”。

□ 39. 他们的人际关系往往充满了“暴风骤雨”。

□ 40. 这个人的婚姻中充满了“尖酸”和“刻薄”。

□ 41. 似乎总是跟“错误的人”（罪犯、瘾君子、找刺激的人、不可靠的人等）混在一起。

□ 42. 并不在乎别人会因其行为而受到冒犯或伤害。

□ 43. 不愿意做自己，想变成另一个人。

□ 44. 总是参与危险行为或寻求刺激，常常会触犯法律或给他人带来危害。

□ 45. 对别人怎么评价或看待自己非常敏感，受到批评就勃然大怒。

□ 46. 若计划有改动，他们就会心烦、焦虑或生气。

□ 47. 曾用割、抓、咬、刺、烧，或拔毛发的方式自虐。

□ 48. 如果被人忽视，或未被特殊对待，就会伤心气愤。

□ 49. 总想成为众人关注的焦点，不愿被冷落。

□ 50. 如果对自己有利，撒谎、作假时毫不犹豫。

□ 51. 因为对此人的反应有所顾忌，或是害怕此人会自我伤害，你不愿（敢）开口说某些话，也不愿（敢）某些事。

□ 52. 利用他人同情心来博取关注（如假装难受或生病）。

□ 53. 他们的痛苦、疾病和伤痛比别人的都严重。

□ 54. 过分要求别人拿出更多时间，对其付出更多关怀。

□ 55. 把别人视作果树来培育，为的是收获关注和奉献。

□ 56. 怀着“给我养老”的特殊目的收养孩子。

□ 57. 无法理解，也无法做到无私的爱。

□ 58. 你感觉在某种程度上就像被这个人"绑架"了一样。

□ 59. 这个人的情绪太过强烈。

□ 60. 其人际关系不稳定、紧张。

□ 61. 反复抱怨，自我感觉很委屈。

□ 62. 不论为别人做什么事，都需要对方付出代价，或有附加条件。

□ 63. 长时间或间歇性郁闷或焦虑。

□ 64. 轻易抛弃和背叛他人，令人失意困惑。

□ 65. 很没有安全感，情感上过度依赖别人。

□ 66. 承认自己曾尝试或使用过很多数量和种类的"药物"。

□ 67. 有时候会情绪失控，却无法解释其原因。

□ 68. 为了控制别人，曾经以自残或自杀相逼。

□ 69. 跟这个人相处，你会感觉自尊受到了损害。

□ 70. 害怕别人与自己关系亲密，或拒绝别人亲近自己。

□ 71. 曾抱怨说因某种顽疾或身体状况而影响了情绪或心态。

□ 72. 这种人的人际关系往往热烈而短暂。

□ 73. 个人定位很不稳定，不喜欢自己，不喜欢自己的外表和人生。

□ 74. 急切盼望自己成为某人唯一喜欢、爱慕和关怀的人。

□ 75. 声称自己患有偏头痛、纤维肌痛[8]、溃疡、肠炎、肠易激综合征[9]、习惯性头痛等疾病。

□ 76. 已经成年的孩子都不愿再跟他们有什么联系。

□ 77. 一旦有什么差错，总有无数理由来怪罪他人。

□ 78. 只要受到批评，立刻做出回击，即便其回击的话不合逻辑、虚假错误也是如此。

□ 79. 总是与人争夺权力。

□ 80. 顽固，好辩，在争论中一定要占到上风才肯罢休。

□ 81. 做事毫无计划（比如，在看孩子时忘记带食物、水甚至钱在身上），对轻重缓急毫无概念。

□ 82. 与人相处时，在美化（爱）对方和丑化（恨）对方两个极端之间往复。

□ 83. 得过且过，对未来(在金钱和事业等方面)毫无计划。

□ 84. 不懂得在以前的人际关系和生活经历中吸取经验教训。

□ 85. 希望有个人能对自己无微不至、毫无保留、片刻不离、任意驱遣。当然，这个人在现实中是不可能存在的。

□ 86. 如果不遂心意，就会非常失望并贬低别人。

□ 87. 冲动任性，常常表现为：滥交、挥霍无度、滥用药物、鲁莽驾驶、暴饮暴食、赌博、酗酒、冒险。

□ 88. 哪怕是跟这个人只相处了很短一段时间，你（或其他人）也会感觉焦虑、不安、生气、愤怒。

□ 89. 因为觉得受到刁难，或未能得到认可或提拔，就总是在公司（组织、机构、单位等）寻找口实和阴谋的证据。

□ 90. 故意勾搭别人的配偶或恋人。

□ 91.（即便是刚刚认识）其恋人曾说跟这个人相处的感觉很古怪，或觉得有些事不大对劲。

□ 92. 你和别人常常用“神经病”、“混账”来形容这个人。

□ 93. 任性、喜怒无常，且毫无原因。

□ 94. 毫无理由就跟亲人翻脸。

□ 95. 在接受治疗时，即便刚刚才夸赞了医生一番，也会瞬间对其翻脸。

□ 96. 喜欢毫无拘束的生活，或做出不负责任的行为。

□ 97. 不愿履行契约义务，比如即使有钱也不去交暖气费、付账单、交税。

□ 98. 孩子对他们来说是个累赘，而不是开心果。

□ 99. 把羞辱当作惩罚方式。

□ 100. 撇下孩子出去找朋友玩、参加聚会、喝酒。

□ 101. 私生活糜烂，且交往的都不是好人。

□ 102. 他们的孩子抱怨说在家里被其置之不理，甚至遭到嘲笑辱骂。

□ 103. 距离上很亲近，但情感上很疏远。

□ 104. 总是指责你，说你是他们问题和苦恼的根源。

□ 105. 在有人陪伴，或跟一群人在一起时才感觉安全和开心，不喜欢独处。

□ 106. 其生活总是处于紧张状态，任何事都是消极负面的。

□ 107. 性格敏感，易受伤害。

□ 108. 在与人发生争执时，要求你站在他们这一边。

□ 109. 对好心和宽宏大量（即便是来自想关心、帮助他们的人那里的）无动于衷。

□ 110. 对两种迹象高度警惕：一是被人抛弃，二是失去某人。

□ 111. 过去曾多次出现焦虑、抑郁的情况。

□ 112. 屡次跟踪或骚扰某个早已离开他们情感世界的人。

□ 113. 不愿让伤口结痂痊愈，甚至会在众人面前揭抠伤口；感到有压力时会用利器戳刺皮肤。

□ 114. 不能控制自己的怒火和敌意。

□ 115. 曾被诊断为厌食症或暴食症。

□ 116. 大家用一些非医学术语来形容这个人："可怕"、"恶毒"、"神经病"、"难以忍受"、"混球"、"怪人"、"疯子"。

□ 117. 加入某个宗教，或宣称自己拜在某位大师门下，并毫无条件追随他们。

□ 118. 跟此人相处，你总是战战兢兢。

□ 119. 此人曾受过以下几种人格障碍的伤害：表演型人格障碍、边缘型人格障碍、偏执型人格障碍等。

□ 120. 不止一次在生气时打过配偶或恋人。

□ 121. 曾被诊断为躁郁症（狂躁 / 抑郁）或严重情绪波动。

□ 122. 曾说过或做过某些报复行为，如扎破汽车轮胎、用钥匙刮花车门、写恐吓信等。

□ 123. 曾花费大量时间精力和金钱，不远千里去跟踪、监视、骚扰某人。

□ 124. 工作中曾对同事大发脾气。

□ 125. 蓄意破坏以前的同事、朋友、室友、恋人，或家人的财物。

结果分析：

数一下这个人到底符合多少条目。

15 ～ 35 个：此人偶尔会在情感上给他人造成伤害，与其一起生活或工作也许会有点麻烦。

36 ～ 65 个：此人具备了情绪不稳定型人格的基本特点，会给身边人的生活制造混乱。需要去看心理医生。

65 个以上：此人是典型的情绪不稳定型人格，会在情感、心理、经济或身体上给你和他人带来危险。

如何应对

如果你跟具有情绪不稳定人格的人一起相处的话，记住，这种人需要得到专业人士的帮助，也只有专业人士才有能力处理应对这种复杂而矛盾的人格。其治疗或调整的过程也许时间很长，但在高强度治疗的帮助下，还是很有成效的——前提是他们愿意接受帮助并努力地主动配合。

你也可以试着去帮助他们，不过，你很可能会因这种努力而受到他们的攻击。如果跟这种人相处令你感到急躁、心烦、气愤、郁闷，或其行为已经伤害到你的话，也许你也需要专业人士的帮助了。这种人的毒害太大，他们可以避开你的身体，直接伤害你的情感和心理。

跟这种人相处时，你需要对你能接受的事情定下严格的底线，刚开始时可能会招致他们的反对，但这样做也许会给你的生活带来一些安稳（即便不能长久）。他们若是一再侵犯你的原则和底线，甚至给你造成深层次的精神创伤的话，这时你应该明白，你已经无力回天了，必须赶快远离他们。谁都不愿让你受到虐待和伤害，但在前文中我就曾警告过大家——如果你坚持跟这种人相处下去，若是他们的言行一如既往、未有任何改观，并给你的生活带来麻烦和痛苦的话，就不要觉得奇怪，这是你自找的。

如果这个人正在考虑，或说及，或威胁要自残（或自杀），你必须毫不犹豫地拨打报警电话（警察、消防队、救护车等），这类问题最好交给专业人士处理。如果你有孩子的话，请务必牢记——他们在这种人面前是弱小无助的，需要你的保护。你得采取措施保护自己和亲人。让孩子免受这类人的侵害是你道义上的责任。如果大家想了解更多如何与具有危险人格的人打交道的策略，请看本书第六章《面对危险人格该如何自护》。

本章译注

1 从前的炼金术士把无孔不入的水银叫作 Mercury，而用作形容词时，是形容人活泼善辩，或者反复无常。

2 伊丽莎白·泰勒（1932—2011），美国著名女影星。

3 （1925—1984），英国著名男影星。是伊丽莎白·泰勒的第五、第六两任丈夫。

4 约为 105 公里。

5 邦妮·派克，生于 1910 年 10 月 1 日，卒于 1934 年 5 月 23 日。

6 琼·克劳馥（1904—1977），原名露西尔·费伊·勒萨埃尔，好莱坞黄金时代著名女影星。凭《欲海情魔》一片获第 18 届奥斯卡最佳女主角奖。私生活糜烂，共有 5 个丈夫。

7 即辛普森案，是美国历史上最受公众关注的刑事审判案件。前美式橄榄球明星、演员 O.J. 辛普森被指控于 1994 年犯下两宗谋杀罪，受害人为其前妻妮克尔·布朗·辛普森及其好友罗纳德·高曼。

8 风湿病的一种，特征是弥漫性肌肉疼痛，常伴有多种非特异性症状；典型的情形是患者身体的特定部位有压痛，不需要特异的实验室或病理学检查来帮助诊断。

9 一种肠道功能紊乱性疾病，临床表现为持续或间歇发作的腹痛、腹胀、排便异常。精神、饮食、寒冷等因素可诱使症状复发或加重。

DANGEROUS PERSONALITIES

NO.3 第三章

“谁都不相信，这样就不会受伤害了。”

（妄想型人格）

在 1999 年上映的电影《美国丽人》(*American Beauty*)中，克里斯·库珀完美演绎了深居简出的邻居弗兰克·菲兹中校这一角色。不需要任何旁白和台词，我们就能发现这个家庭很不对劲——菲兹的妻子就像个木偶一样，连话都不敢说；门铃响起来时，一家人全都愣住不动，菲兹则像往常一样：不是起身前去开门，而是质问妻子和儿子是否事先约了访客。

菲兹害怕陌生人和多事的邻居，他把所有东西都锁在屋子里。对他来说，外面的世界是支离破碎的，而只有他和少数人知道这个事实。幸运的是，他知道应对这些麻烦的所有办法。他鄙视同性恋、敌视外国人和黑人，甚至辱骂并不完美的儿子；他不信任自己的家人，总是质问他们的忠诚；他们家里没有欢声笑语，也没有浪漫的氛围；他们家已经很多年没有朋友来做客了；什么事都得按他说的做；家人都循规蹈矩，不敢有任何风吹草动，唯恐惹起他的疑心和愤怒。

菲兹性格古板、急躁易怒、惯于说教，任何跟他有来往的人，生活中都有了阴影，其中受影响最深的还是他的家人。菲兹就是妄想型人格。

你也许会说，那是电影，现实生活中不会有这种人的。你错了。这种人成千上万，只是程度略有不同罢了。我的邻居就是其中之一。

我在佛罗里达州迈阿密的城郊长大，P 先生是我家的邻居。他极少走出家门，出门纯粹为了朝近处玩耍的孩子大嚷。他早就退休了，整天坐在窗边，盯着每个经过的路人。他的妻子没什么朋友，也很少出门。有一次我们跟她打招呼，她朝我们挥了一下手，就因为这个还被 P 先生呵斥。他毒死过很多误入他家庭院的动物，并把那些尸体向我们炫耀以示警告。

我从未见过 P 先生面带笑意，更不用说开怀大笑了，似乎他跟快乐是绝缘的。有一次，他看到一个人提着两个手提箱进了我家，就报了警；那其实是个推销员，手提箱里装的是窗帘布料。我不知道他到底在想些什么，但我记得，就为这件事我妈妈从班上请假大老远赶回来跟警察解释。此后几年，类似事件还发生过很多次。

周围的小孩都觉得他“很怪”。他甚至不让妻子跟周围的家庭妇女来往。也有些人说他“不正常”。当时没有人能告诉我们，P 先生其实是妄想型人格。要是我们早知道的话，一定会如其所愿、给他足够的隐私空间，父母也不会屡次向他表示友好却被恶语相向、自讨没趣了。

妄想型人格的内心满是荒谬的疑心和恐惧。他们的疑心没有边界、没有休止。他们思想偏执，不通情理，因此满心偏见、主观武断、焦躁易怒。他们眼里，只看见乌云，看不到金边。你好心帮了他们，反被其怀疑别有居心。所谓“利他”，在他们眼里就是投机取巧者不可告人的动机。

正常人都有一个内部的报警系统，在危险来临时给我们提醒；但在妄想型人格身上，这个系统总是在超负荷运转，不论面对的是你、我、邻居、同事、少数民族、外国人、外地人、政府……报警就没有停止的时候。这种扭曲的观念支配着他们的生活，也影响着每一个与他们有来往的人。

在讲座中，我常常让那些认识此类人的听众举一下手。开始时只有零星几个人举手，但在我列举了此类人的典型特征——气量狭小、好辩、妒忌、耿耿于怀、质疑他人动机、不受约束，害怕、讨厌甚至仇恨跟他们不一样的人——之后，大家纷纷举起手来。有的人轻声窃笑或翻翻白眼，因为想起了某个大家避之唯恐不及的同事；有的人一脸沉重闭上眼睛，因为回忆起了被这种人深深伤害的情形。

我在多年的执法生涯中，曾无数次处理过这类人所造成的破坏。但是，就连我们这些执法者那时都无法准确描述和了解他们。这种知识和信息上的缺失可能会带来致命的后果。

阿肯色州小岩城的杰里·凯恩、约瑟夫·凯恩父子就是妄想型人格，他们对政府官员和警察深怀戒心，认为自己不应受到法律的管制和约束。所以，当比尔·埃文斯警官和布兰登·鲍德特警长因为一点儿轻微的交通违章让他们靠路边停车准备检查时，他们一言不发，拿出枪把两位警察都打死了。这次事件的经过都被警车上的摄像头记录下来，现在在 YouTube 上还能看到。如果两位警察事先知道他们要面对的绝非仅仅是两个“古怪”“反常”的人，而是两个狠毒、反政府、敌视执法人员的妄想型人格时，也许他们就会有所准备，也不会那么早就离开我们了。

稍微留意一下，你就能在身边发现这样的人：

· 某人认为你是故意争抢车道，就跟在你后面长按喇叭、猛闪车灯、朝你做下流手势，或不停咒骂，甚至会一路跟你到家。

· 某个男士认为别人都在勾搭他的妻子或女友，所以，在各种聚会上，只要是妻子或女友跟人（尤其是别的男士）谈话了，他一定会插进来，并且一定不会让别人跟妻子或女友交谈太久。

· 你曾经的某位恋人，认为自己无所不知，只把你当成听众，你一开口就引来他的争论，或者总是贬低你的想法，屡屡让你哑口无言。（当然，你也发现了，这个人一个朋友都没有）

· 某个亲戚，他总是劝你相信某种未经科学证实的治疗方法，或者又找到了一个被其称作知音的“大师”。

· 某个同事，总是满腹牢骚，继而质问为什么别人能得到晋升和奖金，而他却没有。

·某个人几乎每个星期都要来政府办公室里瞎抱怨，就各种问题大发雷霆，并威胁说要提起诉讼。

·某人在网上攻击你，指责你有什么不可告人的阴谋，还说知道你的真正动机。

·某个深居简出的邻居，总是跟你说“世界新秩序”、“阴谋集团”或某些掌控了联邦政府的秘密组织的事。

·某个前雇员或前男友、前女友，因对过去所受的对待感到愤怒，事先不打招呼就闯到办公室里来，还带着武器。

·某位才华横溢的科学家，因为没有人愿意相信他的高论，于是搬到蒙大拿州偏远地区，通过寄送炸弹警告世人当心科技的威胁，共制作了16个炸弹，炸死了3个人，伤23个[1]。

这种人绝不仅仅是脾气古怪，其背后的“推力”是荒谬的恐惧感和疑心。他们敏感、反应过度，一旦遭到反对、受到拒绝、感到尴尬，就会爆发出来，极具危险性。

如果他们的人格中再有自恋的成分，那么其暴力威胁将遍布各个层次：从罪犯到邪教领袖，再到独裁者。他们独断专行，贬低他人，毁灭所有障碍物。只需一个无法预知的触发事件，就会发生类似克里斯多夫·多尔纳那样的灾难。他先前是洛杉矶的警官，性情高度敏感，因为觉得受到了不公正待遇并无法调和内心的恐惧，所以在2013年他转而报复以前的警察同事，在杀掉两名警察之后继续与警察对峙，最终引发一场枪战。

抛开其造成的危险不说，这种人格是我们研究最少、了解最少的一类。这种危险人格很难治疗，部分原因是由于他们不认为自己的思想有错，并质疑任何企图帮助他们的人，怀疑后者有什么不良动机。他们就这样“陶醉”在病态之中，我们的安全也因此而受到威胁。

妄想型人格的特征

任何一个负责受理调解工作的FBI特工都会告诉你这样一件事：在FBI的接待室和投诉电话中，妄想型人格大有人在。他们或是亲自过来，或是打电话过来，跟我们说他们受到了威胁，说他们有仇敌，说阴谋和阴谋集团，或者抱怨政府对他们的要求不做回应。

我还记得很多这样的场景：一边是这些人滔滔不绝的抨击和谩骂声，一边是他们的配偶安安静静坐着、满脸的愁苦。有些配偶希望我们能出面调解一下，因为他们的另一半（通常是丈夫）花了很多钱用来购买武器、搭建紧急避难所、准备两年的食物储备、安装水净化系统。FBI的调解中心是他们仅剩的希望，因为家人亲戚都已经放弃了，他们也没有钱去看心理医生。

在此前的培训中我并未了解过这种病态心理，所以浪费了本可以用来抓捕罪犯的大量宝贵的时间，试图理智地劝说这些人，希望能把他们的观点纠正过来。最后我终于学乖了，只是认真聆听，不去澄清是非，也不提出反对意见。妄想型人格的人需要的，只是人们对其观点和信念的认可，他们需要的只是一个忠实的听众。

影视剧中的妄想型人格的人常常被描绘成暴睁双眼、疯疯癫癫的样子，就像1980年上映的电影《闪灵》（*The Shining*）

中，由杰克·尼克尔森饰演的杰克·托伦斯一样。但那是在好莱坞的影片里，现实生活中的妄想型人格与之大不相同，也更为微妙。

有些人安静缄默，甚至有些害羞，但他们对世界怀有难消的疑心。有些人言行夸张、喧嚣聒噪，甚至勇武好斗。他们常常会在谈话中掀起波澜，因为他们喜欢与人争辩。他们会去参加示威游行但不限于与人争辩，其言辞刻薄恶毒，甚至会有身体接触、推搡、堵住汽车、打砸财物。他们的情绪处在波动的边缘，一旦点燃引线就会爆发出来。

他们中有些人智商平平，但有些人的智商非常高，所取得的成就也非常显赫。泰德·卡辛斯基的智商高达167，制造炸弹并将其伪装邮递的本领非常高强。霍华德·修斯[2]聪明而富有，却是严重的妄想型人格，他在人生的最后十年里将自己幽闭在酒店房间里，不见外人，最终于1976年在拉斯维加斯的酒店里孤独死去。

吉米·李·戴克斯在海军服役时受过多项嘉奖，退伍后先是在佛罗里达州居住，后定居在亚拉巴马州米德兰市，常年以来，他“古怪”的脾气和吓人的行径都令邻居心怀忐忑。比如说，他曾威胁要朝擅自进入他家院子的人开枪，晚上会带着手电筒和猎枪在院子里巡逻。邻居们无奈地忍受着这个妄想型人格，但在2013年1月29日，他心中的魔鬼释放出来了：当天，他原本要因为又一次恐吓邻居去法庭参加听证会。可他登上了一辆校车，杀死了司机，并把一名5岁的儿童扣作人质。他把这个孩子带到自己挖好的掩体中，与警察对峙了一周时间，此后FBI出动SWAT小组[3]将孩子救出，行动中击毙了戴克斯。那么，促使卡辛斯基和戴克斯这么做的原因是什么？答案很简单：非理性恐惧。而这正是妄想型人格的本质。

不论是在工作中还是在生活中，这种人总会无端生出疑心。也许是邻居，也许是邻居的孩子，也许是头顶飞过的飞机，也许是房子附近的电线……他们不断寻找空间、距离、幽闭来安抚内心的恐惧，可悲的是，这样做一点儿作用都没有，因为其偏执的幻想并非来自外部，是来自内心。

有些人在学校里、工作中、城市里，甚至家里都把自己"幽闭"起来，成了一只"独狼"。更有甚者，有的人会搬到人迹罕至的偏远地方定居（如爱达荷州、蒙大拿州、阿拉斯加州等），以此远离人群，"准备"某些即将来临的"末日"、"灾难"。他们还可能寻觅加入有相同观点的组织，加入某个团体或教派；在那里，他们无须跟别人解释，或劝说别人相信他们的恐惧和古怪的言行，因为别人都跟他们有"共同语言"。

还有一些人的日常行为与常人迥异：衣着怪异（如穿着迷彩军装）、随身携带一把长刀，或借衣着打扮吓唬人（如佩戴纳粹标志等）。别人当然会注意到或议论到他们的衣着和古怪言行，这样反而会加深他们对外界的疑心。

有些人会在妄想型人格的驱动下，加入到某些心怀仇恨的阵营里。他们收听此类广播、参加此类集会，并通过徽章、标志、衣服、文身来宣扬其仇恨。美国著名作家埃里克·霍费尔（Eric Hoffer）曾写过一本有关群众运动和极权政府的书，在这本里程碑式的作品中，埃里克警告说，上面所说的这些人正是四处寻觅“志同道合”者的危险分子。他们会加入3K党[4]、光头党[5]、雅利安国民组织[6]，或其他心怀仇恨、意图“铲除”别人的激进组织，因为极端的仇恨和恐惧给他们原本失意的人生赋予了目标和意义。

有时候两个“相知”的妄想型人格会互相勾搭。制造了2013年“波士顿马拉松爆炸案”的沙尼耶夫兄弟就是如此[7]。还有蒂莫西·麦克维（Timothy McVeigh），他与特里·尼克尔斯狼狈为奸，制造了1995年“俄克拉何马城爆炸案”[8]。

如果他们找不到“志同道合者”，就会独自行动。比如前文提到过的2011年挪威奥斯陆爆炸枪击事件，右翼激进分子安德斯·贝林·布雷维克因对不断涌入的少数民族心怀恐惧而杀害了77个人，其中大部分都是无辜的孩子。

大家想必已经明白了，妄想型人格的涵盖范围非常大，其程度也各有轻重：从讨厌可憎到脾气暴躁极其危险都有，但不论其程度如何，这种人有着共同的特点：

疑神疑鬼，心怀恐惧，行事隐蔽

在其荒谬的疑心的驱使下，这种人常常监视别人的言行，从中寻找“邪恶”或不良用心，甚至连无意的冒犯都会招来他们的怀疑。为了“保护”自己的信仰、行踪和真实动机，他们往往谎话连篇，甚至在家里也要把东西锁起来不让配偶和家人接触。他们常常会有一个带锁的箱子，除了自己谁都不能碰；或者某个上锁的房间，除了自己谁都不能进。大家可能看到了，这即是正常的隐私和秘密在妄想型人格那里会变成的样子：那是一个只属于他们自己的领地，甚至连家人都得不到信任。

要想整理出妄想型人格的疑惧清单是不可能的，因为他们可能会对任何人、事、物心生怀疑和恐惧：黑人、天主教徒、犹太人、魔门教徒、浸礼会教徒、墨西哥人、穆斯林、非洲人、不说英语的人、输电网、手机信号塔、食物供给、饮水氟化、邻居、头顶上飞过的飞机、外国（外地）口音、堕胎诊所、动物研究、制药公司、世界新秩序、头戴蓝贝雷帽的人、欧洲人、手机、政府、美国国税局、不是白色人种的人、科技……差点儿忘了，还有，同事、上司、经理、人力部门、公司的体制、保险公司、工作中使用的邮件系统，还有，你。妄想型人格的疑惧、牢骚抱怨、不安全感各有不同，但是，只要我们跟他们相处的时间足够长，就迟早能够发现它们到底是什么；这在他们的言语以至偏执古怪的行为举止中都能体现出来。

在妄想型人格中，有些人的疑心太重，他们会把同事、邻居、家人、陌生人，甚至过路人的行踪详细记录下来。身在偏远的蒙大拿州的泰德·卡辛斯基就是这样；而理查德·尼克松总统[9]（他符合妄想型人格的许多特征）也有一份“敌人列表”，并屡次告诉别人说“我不相信任何人”。

刚愎自用，好辩，对人怀有敌意

适应能力是每个正常人的必备能力，我们能够接受新观点，也能根据外界条件进行自我调整；在坚持某些信念（如宗教信仰、政治观点等）的同时，我们能够容忍不同观点的存在。但在妄想型人格身上就不是这样。他们把自己的“过度敏感”视作“敏锐的洞察力”，所以，想跟他们辩黑道白是不可能的。逻辑和实证在他们看来一点儿意义都没有，若是跟他们讲道理，在他们眼里你就是对他们怀有不良企图，甚至会将你视为敌人。

妄想型人格会有选择地利用事实、扭曲历史、将事件和观点重新“排列组合”，以此来佐证他们的观点，并将其视为自己的行为依据。比如说，除掉堕胎诊所的医生。1994年，保罗·詹宁斯·希尔在佛罗里达州彭萨科拉市的堕胎诊所杀害了约翰·布里顿及其朋友（也是他的保镖）詹姆斯·巴雷特。在希尔看来，杀掉医生及其朋友的行为是正义的，因为他保护了未出生的孩子。——这就是妄想型人格的思维方式：扭曲、死板、道学、执着。

这种人的思维褊狭，只关注某个角度的问题，比如说《圣经》中的某句话，或某个法律、社会、政治问题；这些东西对大多数人来说近乎无关紧要，但他们将其看得格外重要。蒂莫西·麦克维对20世纪90年代警察特种武器和战术小组的军事化耿耿于怀，对1992年警方针对隐居在爱达荷州北部红宝石山脊的兰迪·韦弗（Randy Weaver）一家的军事化行动深感不满。在"信仰"和对联邦政府的恨意驱使下，他炸掉了俄克拉何马州的艾尔弗雷德·P.默拉联邦大楼，导致168人死亡（其中包括很多孩子）。妄想型人格不相信逻辑和经验先例，他们会从历史、深奥的作品、冷门作家，甚至法律词典中引用一些含糊其词、模棱两可的例子来支持自己的观点。

思维死板、观念偏执、选择性记忆，再加上荒谬的恐惧感，其恶毒的仇恨心理就由此而生。他们的恨意不同于正常人的憎恨，而是一种毫不妥协的没人性的仇恨。如果再加上病态的自恋心理，那么他们就会将这些仇恨转化为可怕的残忍行为：走入学校教室，冷静地朝尖叫蜷缩的学生们扫射。这就是1999年发生在美国科罗拉多州杰弗逊郡哥伦拜恩高中的校园枪击事件。这次惨案的两个凶手——埃里克·哈里斯和迪伦·克莱伯德——自恋地认为他们与众不同、有权夺取他人的生命。

对很多妄想型人格的人来说，暴力就是解决问题的方式，因为别的方法都无法快速实现他们"超凡入圣"的目标。所以，大家就经常听说这样的"奇思妙想"：

"如果能杀死足够多的科学家，就能阻止科技的进步了。"——"大学航空炸弹怪客"泰德·卡辛斯基，他共邮寄出16个炸弹，造成3人死亡，231人受伤。

“如果我能炸掉这栋楼，就能阻止FBI，压制特种武器和战术小组了。”——炸毁俄克拉何马城艾尔弗雷德·P.默拉联邦大楼的蒂莫西·麦克维，造成168名妇女儿童死亡，数百人受伤。

“如果我在亚特兰大奥运会上引爆炸弹，就能制止堕胎行为了。”——“奥林匹克公园爆炸案”凶手埃里克·鲁道夫[10]。

“如果我杀很多美国人，美国就会从中东撤出了。”——9·11恐怖袭击事件的幕后策划者奥萨马·本·拉登，造成3000人死亡。

“如果我杀死很多挪威孩子，政府就一定会明白我的警告了——移民到挪威的穆斯林和外国人太多了。”——“于特岛枪击事件”的凶手安德斯·贝林·布雷维克，造成77人（几乎全是孩子）死亡。

他们的行为不会达到预期的效果，他们的想法不是“绝妙”而是病态——常人都明白这一点，但他们不自知。暴力并不能实现他们的目标，却是极端妄想型人格的思维方式。

对伤害念念不忘，将怨恨牢记于心

跟情绪不稳定型人格的人一样，妄想型人格的人也是伤害的“收藏家”，但毒瘾更深。不论是别人无心的还是他们臆想的过错，不论是多么不经意间犯下的，他们都会将其视作你人性的污点、你不忠的标志。任何侵犯（包括他们臆测的）都是不可原谅、不能遗忘的。一旦将你视作敌人，他们就认为对你记恨、对你采取行动（包括不理睬、背后陷害、阴谋暗算、毁坏你的财物，甚至杀死你）都是正义的。

历史就是妄想型人格“伤害收藏者”的资料库。本·拉登用 11 世纪的十字军东征来证明 9·11 事件的正当性[11]。泰德·卡辛斯基所收集的伤害和怨恨来自 18 世纪的工业革命。蒂莫西·麦克维则是对 1992 年红宝石山脊事件、1993 年美国政府对大卫教派的围攻[12]心怀不满。对妄想型人格来说，收集“伤害”是非常有必要的，他们将其用作自己言行的依据，并且在时间的深度、范围的广度上丝毫没有限制。

这种人对敌对态势、历史纠纷、社会不公有惊人的“记忆力”。大家可以去读一读希特勒写的《我的奋斗》这本书，里面长篇累牍、杂乱无章地堆砌着犹太人所造成的伤害，远远地追溯到 2000 多年前公元纪年伊始的时候。

妄想型人格的特征词汇

下面列出的即是受害者口中用于描述妄想型人格的词汇，未经任何改动。

敌视、杞人忧天、孤独、冷漠、生气、相信末日、忧虑不安、喜欢武器、情绪激昂、独断、碍事、偏执、顽固、吓唬人、自负、谨慎、算计、冷酷、脾气坏、小心、戒心、慎重、冷淡、好斗、抱怨、迷惑、摸不着头脑、傲慢、爱争吵、总是说反对意见、控制狂、控制欲强、古怪、疯子、脾气坏、怪人、恐怖、挑剔、残忍、易怒、癫狂、警戒心强、妄想、苛求、精神错乱、疯狂、不随和、怀疑论者、多疑、不安、疑心重、没有活力、枯燥无味、妒忌、不稳定、逃避、极端主义者、狂热、满心恐惧、记仇、靠不住、蠢货、难以取悦、浮夸、总是保持警戒、轻信、顽固、怀恨在心、憎恨、自大、躲躲藏藏、隐秘、高度紧张、怀有敌意、狂妄、极度敏感、吹毛求疵、难以忍受、易受影响、不相信人、倔、不好客、受过伤害、孤立、无法忍受、易怒、荒谬、急躁、与世隔绝、嫉妒、万事通、呆子、机警、说谎、好争论、疯子、独来独往、废物、疯狂、神经错乱、愚蠢、狂躁、卑鄙、险恶、神经病、千禧年主义者、猜忌、不稳定、思想狭窄、脾气不好、神经质、另类、傻子、可笑、执拗、不正经、令人心神不宁、无礼、武断、过时、过度指摘、过度敏感、奇怪、费解、烦扰、悲观厌世、有偏见、爱生气、气人、喜欢吵架、爱发牢骚、刨根问底、激进、叛逆、隐士、冷酷、令人反感、死板、吓人、骄矜、疑神疑鬼、恐吓、令人讨厌、严厉、顽固、爱收藏求生武器、疑心重、紧张、唐突、性急、威胁、精神失常、难以取悦、阴险、好战、野蛮、自以为了解真相、错乱、不妥协、没教养、不原谅人、心胸狭窄、平庸、态度冰冷、执拗、有病、执着、焦躁、记恨、小心谨慎、警惕、怪异、牢骚太多、沉默寡言、闷闷不乐。

妄想型人格对他人的影响

在 FBI 接待大厅的工作经历让我了解到，妄想型人格是怎样逐渐疏远周围的人，把别人的善意、耐心和宽容慢慢消磨光的。

我对某一次接待印象极为深刻。一名妄想型人格的人和妻子来到我们这里，他一边不停地痛斥、抱怨，一边从旧鞋盒子里掏出一堆堆的剪报，对政府和国家大肆批判；而他妻子只是在一边静静地坐着，其悲伤的样子令人心痛。对他所抱怨投诉的事我们无能为力，所以，一个小时之后他们就起身离开了。当天晚些时候，他的妻子打电话来向我们道歉，并对我能耐心聆听她丈夫发了一个小时的牢骚而表示感谢。她解释，自从越南战争之后，她的丈夫就变成了这副样子，一年比一年厉害。他们的孩子都不大回家了，她丈夫对政府的成见令人身心疲惫，快把她也压垮了。

我对她说，这是我们应该做的，不必道歉，并问她是不是还好。她的回答令我震惊："不，我不好。"声音中带着呜咽，"他把我的人生变成了地狱，可是我能做什么呢？我这辈子就这样了。"说着她就挂断了电话。对此我茫然无措，因为警察培训中没有如何应对这种情况的课程。时至今日，我仍能记起她当时的样子，可怜巴巴地坐在那里，耐心地听丈夫一遍遍抱怨和咆哮。

这件事也是我把妄想型人格写入本书的原因之一，他们对人的伤害大多是在心理方面。很多人都对我说，因为跟一个妄想型人格的人生活在一起，他们的"情感已经崩溃了"。这句话背后的酸楚发人深省。

我来解释一下。妄想型人格的人会将你生活中的乐趣一点点吸干。他们会把你变得紧张、焦虑、急躁、易怒。你必须跟他们一样，能看清他们的"敌人"并心怀戒备，否则在他们眼里你就有问题。在他们身边，你绝对不可能放松下来，如果他们认为你对其不忠，就会将鄙视和怒气发泄在你身上。你的需求对他们来说无关紧要，因为他们的头脑褊狭而固执。

如果他们妄想狂的程度很深的话，你是不可能跟他们推进关系、建立信任的。没有人能做到。家人、心理医生、警察都不行。不论是在工作中，还是在假期里、在网上、在午餐柜台上，只要有机会，他们就大肆宣扬其怨愤。交谈最终变成谩骂，恭维也会招来疑心。还记得我前文中提到的邻居P先生吗？有一次我父亲夸赞了一下P先生刚买的二手车，结果却是他更加重了对我父亲的猜疑。

他们会逼着你改变自己的生活方式，不断去适应他们"预感到的恐怖世界"。假如他们因为在工作中与人争吵而被解雇，你就得加班加点多挣生活费；假如他们跟邻居闹了不愉快，你就得出面跟人和解；他们性格孤僻、与世隔绝，你就得调整自己的日常习惯来适应他们；如果他们是极端妄想狂，就会很难相处，整天寻衅争辩……总之，不管你愿不愿意，他们希望你能理解他们的行为，站在他们偏执的角度看待世界，把他们的"敌人"也视作你的敌人。

在某些极端的事例中，有些妄想型人格的人甚至会把全家搬到荒郊野岭定居。比如，前"绿色贝雷帽"[13]成员兰迪·韦弗一家就在1992年搬到了红宝石山脊的一个自建的房屋里。这种人认为某种末日事件即将到来，需要躲藏到与世隔绝的安全地方，为在大灾难中生存下去而作各种准备；常常会影响家人的生活质量，还会招来外界的嘲笑。

他们可能将你置于危险境地，而其原因你永远都猜不透。最令我痛心的就是那些带着孩子加入某个邪教、企图与世隔绝的妄想型人格的人，比如前文曾提到的，那些追随吉姆·琼斯去圭亚那“琼斯镇”定居的人。他们此举不仅仅是把孩子带到了登革热[14]肆虐的丛林里，笼罩在一个自大狂的变态言论中，更是在最后亲手毒死了自己的孩子。由于他们（对那些无知的孩子来说是他们的父母）对吉姆·琼斯盲听盲信，918条鲜活的生命从此消逝。

与吉姆·琼斯在圭亚那的信众一样，那些在20世纪80到90年代之间在得克萨斯州韦科市追随“大卫教派”领袖大卫•考雷什的人们同样置自己于险境，因为大卫·考雷什认为自己是天赐神权，通晓一切奥秘，并预言世界末日即将到来。他跟吉姆·琼斯都要求信众无条件对自己盲从，任何胆敢反对他们的人都下场很惨。在他们看来，如果你不顺从他们，就是他们的敌人。

妄想型人格的人际关系

不要期盼能从妄想型人格那里得到热情洋溢的亲昵表露，因为他们认为周围全是不安全因素，不得不防；他们可能会以某种独有的方式向你表示关怀，但是，他们对别人的想法过于敏感，又戒心太重，不会将心事透露给恋人或朋友。

他们无法处理应对正常的感情上的亲疏分合，因为他们把矛盾冲突全都视作对他们的攻击。所以，任何不愿时常跟他们争吵的人最后都会变得顺从起来。极度妄想狂的配偶最后都会变成《美国丽人》里菲兹中校的妻子那副样子：机械麻木，毫无感情，永远都害怕跟他对抗。

大多数与妄想型人格的人恋爱的人都不知道，其实在第一次约会时他们就被这种人暗自评估过了，其目的是看看他们是否能适应，或愿意顺从其观念。如果答案是否定的，这种人就会迅速与你分手，另觅目标，而不是投入时间打消你的疑虑。他们最喜欢的对象是那种对各种观点接受能力强的、不乱加质疑评价的、对其毫无戒心的人。但问题是，我们事先并不知道这一点，因为从没有人告诉我们妄想型人格的情况，待到发现却悔之晚矣。

妄想型人格的人的女友或妻子常常会抱怨说，他们常常会毫无缘故就嫉妒起来，还会经常突然打电话过来，或不打招呼就到她们上班的地方或家里来——不是因为关心，而是突击检查。他们会仔细检查她们的日程表、通信簿、通话记录、来往的电子邮件，寻找不忠和他们不赞成的活动的迹象。我曾举办过一次有关妄想型人格的人际关系的研讨会，在会上，某位女士告诉我说，她丈夫花钱雇佣了一组人来监视她，而她只是要去另一个城市拜访一个朋友而已。

妄想型人格的人会坚决要求切断你所有的人际关系，所以，最终你就跟家人和朋友都断了联系。为什么？因为他们认为谁都不能相信，甚至连他们自己的亲戚都因其多疑和刻薄而变得疏远了，结果就是，他们所有的朋友都是你不愿意结交的那种，因为他们都是那种古怪、反常，衣着打扮、言谈举止、信念相仿的人，亦即其“志同道合者”。

全家人的生活都被限定在这种人画的圈子里。他们会监视或掌管你与外界的交流，比如禁止家人使用手机或其他通信设备；他们可能利用软件监视你在键盘上敲打了哪些内容，以此来窥探你的真实想法和最近在忙的事情，避免你受到外界的“污染”；他们会禁止你出去约会、晚归、跳舞，甚至化妆都会激起这些“道学先生”的怒火。

一名女士来FBI寻求帮助，说自己的丈夫不愿再让孩子去公立学校上学了。他甚至在出门上班前用粉笔在她的汽车轮胎上做标记，以此检查妻子是否开车送孩子去上学。对这种事大家怎么看？这就是跟妄想型人格的人共同生活的样子。

偏执狂心理不仅能在成人间传播，还会传染给孩子。乔安·麦古沁和丈夫带着7个孩子搬到爱达荷州的郊区，过着与世隔绝的生活。她丈夫死后，她19岁的大女儿爱丽娜突然意识到这个家庭很不正常——食物匮乏、没有自来水，也没有暖气，所以她就去找政府帮忙。最终乔安因虐待和忽视儿童等多项罪名被捕。

当警察到他们家里去接其余的孩子、准备对其采取保护性拘留时，他们不但没有因脱离了苦难而兴奋雀跃，而是像妄想狂一样进入了战斗状态。他们放出了20多只猛犬，并大喊着：“快去拿枪！”然后凭借工事和武器与警察对峙了一周之

人的组织。

☐ 48. 工作中，对某些人的晋升横加指责，说那是个阴谋，或是为了长时间整自己或压制自己。

☐ 49. 疑心无处不在，甚至对熟人也是如此。

☐ 50. 极度自负，认为自己绝无错误。

☐ 51. 不论是在学校还是在工作中，甚至是在大城市里，都能设法把自己孤立起来，是别人眼里的"独狼"。

☐ 52. 始终认为别人早晚会辜负、妨碍或利用自己，所以时刻提防着别人。

☐ 53. 即使别人对他们一片好心，他们也会心存怀疑，认为别人的"真面目"或"狐狸尾巴"最终都会露出来。

☐ 54. 不让孩子去上学，害怕他们受到不良影响或被"污染"。

☐ 55. 生活中充满焦虑和恐惧，没有丝毫放松。

☐ 56. 试图控制别人的想法。

☐ 57. 心怀忧虑，因为相信世界末日、大毁灭或类似灾难即将来临。

☐ 58. 认为整个世界都不可信，充满了谎言和欺骗。

☐ 59. 有病不去医院，因为不相信医生，不相信医疗设备，甚至信不过整个医疗行业。

☐ 60. 不能容忍别人的意见。

☐ 61. 这种人一出门家里就提心吊胆，因为不知道他们会不会又引起争执或惹是生非。

□ 62. 经常会跟上司吵起来。

□ 63. 觉得学校、教育系统、老师总是跟自己和孩子过不去。

□ 64. 不是很尊重上司，认为自己比他们强很多。

□ 65. 罗列陈年旧账，以证明自己或他人遭受的阴谋或陷害。

□ 66. 与他人交谈时，保持的距离远超正常标准，一旦对方靠近，立刻变得焦虑、急躁、生气。

□ 67. 购买武器，或携带武器，因为害怕某人或某个组织要谋害自己。

□ 68. 过去曾有多次违法乱纪行为。

□ 69. 不相信陌生人（即便有求于人）。

□ 70. 按照值得信任的程度给人分类排名。

□ 71. 对机构、记述、科学、食物，或其他未指明的实体或组织，心怀恐惧。

□ 72. 若他们怀疑某（些）人或组织机构密谋反对他们，或不相信这个（些）人或组织机构，就会蓄意去收集与其相关的文章、简报、照片、车牌号等信息。

□ 73. 此人吸毒（安非他命、冰毒、摇头丸等）的事已是众所周知。

□ 74. 怀疑手机被窃听或家里被安装了窃听器。

□ 75. 认为医生不是在救人而是在害人，或者不相信现代医学和制药公司。

□ 76. 认为自己超越法律约束，或认为自己是特权公民，不需要缴税、开车时也不需要有驾照和车牌。

□ 77. 认为需要把家人严格控制起来才行。

□ 78. 若有人擅自进入他们的庭院，就会发怒。

□ 79. 总爱插手别人的事，尤其是家人的。

□ 80. 试图控制别人的观点，总是让别人站在他们的角度看问题，或按他们的方式思考。

□ 81. 不管是这样那样的问题，都是一根筋，不会退让。

□ 82. 曾威胁配偶或重要的人，说要泄露他们的私人信息。

□ 83. 经常进行所谓“紧急情况”、“立即行动”或“撤退”演习，以防可能到来的外界威胁、“世界末日”或其他大灾难。

□ 84. 禁止家人与陌生人交谈，连邮递员都不行。

□ 85. 若家人跟朋友在电话里聊得太久，会感到心烦。

□ 86. 弄到武器，或制作爆炸装置，以备处罚和报复别人。

□ 87. 喜欢说教，极度武断。

□ 88. 配偶和孩子回家后会受到他们的质询，让其汇报一天的行踪，并对一天的活动内容进行详细汇报。

□ 89. 定期查看家人的手机，检查他们的通话情况。

□ 90. 曾跟踪过配偶，或在配偶汽车上安装跟踪设备。

□ 91. 曾回拨电话（或查问家人），以弄明白是谁打过电话及其目的何在。

□ 92. 拒绝给家人手机、电脑或其他设备，认为这样可以防止他们与外界交流，避免受到“坏的”影响。

□ 93. 如果别人怀疑、嘲笑他们的想法、观点、逻辑或例证，就会变得非常心烦。

□ 94. 曾称别人“傻瓜”、“天真”，因为他们看得到的威胁别人看不到。

□ 95. 约束或限制家人（配偶、孩子）的活动，以防他们受到外人、不受信任者或观点不同者的影响。

□ 96. 认为只有自己对即将到来的威胁有个清醒的认识。

□ 97. 要求过高，自大嚣张。

□ 98. 曾因与同事或上司吵架而被解雇。

□ 99. 极爱说教，在他们眼中世界就是二元的：非黑即白，不存在灰色区域。没有灵活性。

□ 100. 与人交往时不懂浪漫，缺少柔情或同情心。

□ 101. 曾被“同道中人”欺骗、利用过。

□ 102. 不顾及他人，粗鲁无礼。

□ 103. 害怕医生会用他们的身体做试验，或害怕医生会给他们体内植入某种设备。

□ 104. 通过阅读、听广播、网络或其他手段不断巩固、加强自己的信念或恐惧。

□ 105. 配偶或恋人常常需要充当其人际关系的“缓冲区”，或因其言行向别人道歉。

□ 106. 语带恐吓，常令人担心自己的安全。

□ 107. 曾经（或试图）毒死误入其庭院中的猫狗等动物。

□ 108. 屡次因丁点不满向政府官员抱怨。

□ 109. 不论是社会层面还是私人层面，人们跟这个人的关系都是一种：非友即敌。

□ 110. 因信念偏执，或因为总爱争论、指责、诘问，至少使一个家人与其关系疏远。

□ 111. 不论是信件、电邮还是其他交流方式，总是充满了批评和抨击。

□ 112. 认为直升机和飞机是在跟踪自己。

□ 113. 寻找与其一样、总是疑神疑鬼的人为伍。

□ 114. 曾说过"除了自己，我谁都不相信"。

□ 115. 不喜欢别人站在身后，这样会使他们变得烦躁、紧张，或明显不自在。

□ 116. 只愿与跟他们古怪、怪癖、过激、反常的想法一致的人相伴。

□ 117. 从来没有高兴过，紧张不安或烦躁是他们的常态。

□ 118. 总是一副心烦的样子。

□ 119. 在家里或工作中都有一个"他人禁入"的秘密空间。

□ 120. 曾说起过（或真的付诸实施了）搬到没有人烟的偏远乡村去，因为他们不放心让任何人在自己周围生活。

□ 121. 曾加入或参观过某个认同他们思想的群体、组织、教派。

□ 122. 对音乐和美术不感兴趣，除非它们能支持自己的观点。

□ 123. 经常携带武器演练，以作好应对任何威胁的准备。

□ 124. 听到或看到车辆时，会立刻对其仔细审视；甚至记了一张清单，说那些车是监视用的。

□ 125. 手里列有一份敌人名单或怀疑人名单。

□ 126. 曾在深夜或闲暇时间出去“侦查”邻居、“嫌疑人”或“有威胁的人物”。

□ 127. 不安定，每一份工作都干不长。

□ 128. 总是担心世界末日或大灾难的到来。

□ 129. 大家都知道这个人满腹牢骚、愤愤不平、爱煽风点火。

□ 130. 曾因反常、古怪、偏执而遭到他人的拒绝。

结果分析：

数一下这个人到底符合多少条目。

20 ～ 25 个：此人偶尔会在情感上给他人造成伤害，与其一起生活或工作也许会有点麻烦。

26 ～ 60 个：此人具备了妄想型人格的基本特点，会给身边人的生活制造混乱。需要去看心理医生。

60 个以上：此人是典型的妄想型人格，会在情感、心理、经济或身体上给你和他人甚至他们自己带来危险。

如何应对

如果你相处的某个人符合妄想型人格的大多数特征的话，

你前面的生活将很不乐观。要是此人妄想狂的程度较轻，渐渐地你就会变得身心疲惫，因为他们对任何事都刨根问底、疑神疑鬼且不相信别人（包括你在内）。相处的时间越久，他们的疑心越重，也会变得更加固执、"一根筋"，其思维会更加死板。对于长期的人际关系，或对家庭来说，这都是一个非常棘手的问题。

如果他们妄想狂的程度很重，那就意味着他们很难相处、喜欢挑衅争吵、极度疑心，或具有一定危险性。但问题是，谁都无法预测他们的反应，也不知道什么事会激起他们的怒气或暴力。我们知道的仅仅是，他们妄想狂的程度越重，其性情不稳定和危险性就越高。当然，他们也可能会变成极端的激进分子，给自己和他人带来危险，如"大学航空炸弹怪客"泰德•卡辛斯基所做的那样。

试图劝说或与他们争论是没有用的，并很可能会引发他们的"反扑"，他们会因此将你视作敌人，因为你不同意他们的观点、不能用他们独特的眼光看待问题。

同样，想让他们接受心理医生的辅导也很困难。不论其妄想狂的程度是高是低，他们都不认为自己有问题，因此，这种人很少会去看心理医生。这一点非常棘手。

如果他们愿意的话，你可以带他们去专业人士那里接受帮助，但请务必小心。这种人对别人抱有疑心，并且随时都在收集伤害，你的努力也许会导致他们的反目，反而使得他们对你更加疑心，甚至出现暴力行为。

工作中，这种人会很令人讨厌，因为他们对什么事都怀疑。他们会在同事中间制造事端，是原本和谐的工作环境中的不和谐因素。坦白来讲，大多数上司都厌倦了向他们解释每个决定的缘由，也听够了他们无止境的抱怨。所以，他们常常会被边缘化。

毫无疑问，工作中的妄想型人格就是一个不安定因素，他们不仅仅在同事中间制造分歧，还会无端臆测乱发脾气。如果某人在“妄想型人格清单”上得分较高的话，就需要在其受到训斥、警告、降职处分时严密注意其有无发作的预兆，在其被解雇时尤其要提高警惕。

如果某位同事的配偶属于妄想型人格，那么此人也具有一定的危险性，因为他们会把家庭纠纷、嫉妒、臆测等导致的危险带到工作场合来。我曾读到一则新闻，说的是某个男士来到前妻工作的地方，拿枪大开杀戒；我怀疑这种无妄之灾就是跟极端妄想狂相处的恶果。

如果你所在的行业（如堕胎诊所、医学研究、化学工业、动物研究、木材工业、建筑业、原子能产业、煤炭工业、输电网络、塑料产业等）曾受到激进分子的威胁，或是极端分子的攻击目标的话，你也许会因此受到牵连。这些行业的从业者遭受暴力袭击或危险的可能性很高。

不论是在家里还是在工作中，与妄想型人格的人打交道一定要格外小心，如果他们有过暴力史或使用武器的经历，就得更加警惕。我们无法预知他们会因为什么原因发作，所以能做的就是从其以往的表现中寻找线索：他们在“妄想型人格清单”中属于什么程度，最近是否经受某种压力（如离婚、分手、降职、失业、酗酒和吸毒加剧等），身边是否出现了武器等。以上几条叠加起来，就会出现危险；还记得前文说过的吉米·李·戴克斯的事吗？以往邻居的描述、杀死校车司机、绑架儿童、挟持儿童在工事里与警察对峙……以上所有行为都源于一件事：这个妄想狂收到了一张传票。

虽说历史上由妄想型人格造成的灾难数不胜数，但大多数还是发生在家里或工作中。虽说如此，如果你发现某人符合妄想型人格的大多数特征的话，就有义务提醒别人留意，这样能帮助很多无辜的人免受烦恼和痛苦。

不论以何种方式与这种人打交道，首先要牢记他们妄想狂的本质，千万不要去跟他们争论或试图劝说他们。如果他们露出了危险的迹象，或让你参与到他们的危险、犯罪行为中，你的最佳选择应该是立刻远离他们并尽量提醒别人注意。

如果他们的行为已经让你无法忍受，比如说，他们已经令你不堪重负，或其行为太没人性（在邪教中非常普遍），或榨干了你人生中的快乐，那么你就得立刻远离他们。情况已经如此不堪，你毫无必要去受这种折磨。反过来说，如果你执意要继续跟他们相处，从诸多事例中你已经看到了前车之鉴，所以就不要幻想情况会有转机。最终你就会变成《美国丽人》中弗兰克·菲兹中校的妻子，或者我以前的邻居P先生的妻子那样：呆板顺从、毫无快乐、行尸走肉一般。

但是当心，如果这种人开始隔离自我、隔离你，认为别无选择或变得极端化，那么其暴力倾向就达到顶点了。如果大家想了解更多如何与危险人格的人打交道的策略，请看本书第六章《面对危险人格该如何自护》。

本章译注

1　此处指的是美国“大学航空炸弹怪客”希尔多•卡辛斯基，“大学航空炸弹怪客”一词意指他针对大学和航空公司邮寄炸弹。卡辛斯基1942年出生，16岁考入哈佛大学，20岁获得数学学士学位，25岁在密歇根大学获得数学博士学位，此后在加利福尼亚大学伯克利分校任教，智商高达167。1969年离开大学，在蒙大拿州林肯镇隐居。他的屋子里没有电灯、电话、自来水，平日里吃自己种的菜和粮食，晚上点蜡烛看书，砍柴做饭取暖。20世纪70年代末，他开始以邮件方式投寄炸弹，在17年中曾16次邮寄炸弹，炸死3人，另有20多人致残。1998年被判终身监禁。

2　霍华德·修斯（1905—1976），全名为小霍华德•洛巴德•休斯，美国著名航空家、工程师、企业家、电影导演、慈善家，曾经的世界首富。

3　特种武器和战术小组。

4　KKK (Ku Klux Klan)，是美国的一个奉行白人至上主义的民间组织，也是美国种族主义的代表性组织。3K党是美国最悠久、最庞大的恐怖主义组织。Ku-Klux二字来源于希腊文KuKloo，意为集会。Klan是种族。因三个字头都是K，故称3K党。又称白色联盟和无形帝国。

5　原文为Skinheads，20世纪60年代起源于英国伦敦，成员多为工人阶层的青年人，后发展到俄罗斯和欧美地区，属于激进的种族主义青年组织。

6　原文为Aryan Nations，白人至上主义的激进组织，被FBI视作恐怖主义威胁，20世纪70年代由极右政治家理查德•巴特勒创立。

7　波士顿马拉松爆炸案，发生于2013年4月15日北美东部时间下午2时50分的爆炸事件，发生地点在美国马萨诸塞州波士顿科普里广场。此次爆炸造成3人死亡，183人受伤。嫌疑犯为26岁的塔米尔南•沙尼耶夫(Tamerlan Tsarnaev)和19岁的乔卡•沙尼耶夫兄弟。4月19日与追捕的警方发生枪战，塔米尔南•沙尼耶夫受重伤经送医不治，乔卡•沙尼耶夫趁乱逃脱，与警方对峙数小时后投降。

8 俄克拉何马城爆炸案是1995年4月19日在美国俄克拉何马州首府俄克拉何马城发生的一起恐怖袭击事件，爆炸针对位于俄克拉何马城下城区的联邦办公大楼——艾尔弗雷德•P. 默拉联邦大楼。事件共造成168人死亡，800多人受伤，是9 · 11袭击事件发生之前在美国本土造成死亡人数最多的恐怖袭击事件。

9 理查德•米尔豪斯•尼克松（Richard Milhous Nixon，1913—1994），美国第37位总统。因1972年6月17日发生的“水门事件”而于1974年被迫辞职。

10 1996年7月27日亚特兰大奥运会期间，奥林匹克公园发生爆炸事件，造成1人死亡110人受伤。凶手鲁道夫被美国法庭判处终身监禁。

11 十字军东征（The Crusades，1096—1291）是在罗马天主教教皇的准许下，由西欧的封建领主和骑士对地中海东岸的国家发动的持续了近200年的宗教战争，大多数是针对伊斯兰教国家，主要的目的是从伊斯兰教手中夺回耶路撒冷。东征期间，教会授予每一个战士十字架，组成的军队称为十字军。十字军东征一般被认为是天主教的暴行。

12 见前文有关“韦科惨案”的译注。

13 即美国陆军突击队，是美国陆军规模最大的特种部队。

14 登革热是登革病毒经蚊媒传播引起的急性虫媒传染病。临床表现为高热、头痛、肌肉、骨关节剧烈酸痛、皮疹、淋巴结肿大、白细胞计数减少等。是东南亚地区儿童死亡的主要原因之一。

15 莫霍克发型起源于印第安莫霍克族，于20世纪70年代末在朋克人群中流行起来。只在头顶中间留下一窄条头发，该发型需要剃掉周边所有的头发。之后，再把这些头发向上竖起，其幅度之大非常惊人。

16 针对某些人的种族、民族、宗教、性别及性取向而发起敌意或暴力活动的有组织集团。

DANGEROUS PERSONALITIES

NO.4 第四章

“我的就是我的，你的也是我的。”

（掠夺型人格）

那是一双爬行动物的眼睛，它们一眨不眨地盯着我，带着死一般的寂静。我回望过去，听到一声轻微的“咔嗒”声，我心中微微一颤，危险。

我面对的不是一条毒蛇。那是在 20 世纪 70 年代，我还是个刚入行的年轻警察，当时刚刚在一个走廊里逮捕了一个小偷，他在行窃时触动了报警器。他没有反抗，顺从地执行着我的指令，所以，我毫不费劲就把他铐上了。我要说的是，我身高 1.85 米，他也已经被铐住，但当他盯着我时，我竟然禁不住打了个寒战。这种眼神我从未见过。刚才的“咔嗒”声是我的左轮手枪里子弹震动发出的，而就在那一刻我的本能反应过来：我面对的，是一个披着人皮的禽兽，是一个捕食者。回到办公室之后，我查了一下这个人的犯罪记录，果然如此：他是一个惯犯，盗窃、抢劫、伤人，恶行累累。

大多数人听过鬼故事，看过恐怖电影，或读过讲述危险人格的小说，但只有真正面对一个魔鬼，你才真正从内心深处体会到那种恐怖感。我那天的感觉就是这样。那是我永远都无法忘记的经历。当时，潜意识提醒了我——这不是个一般的罪犯。也正是因为那次亲身经历，我后来才对掠夺型人格对别人潜意识层面的影响有了直观的了解。

在人生的某一时刻，大家都曾遇到过这样的人：他们对犯罪和被捕毫不在意；他们对给别人造成的痛苦毫不在乎。在所有的危险人格中，掠夺型人格造成的伤害是最大的。据著名心理学家、精神病学者罗伯特·赫尔博士所说，掠夺型人格的数量高达数百万。也就是说，在你的一生中，在某一时刻，不论是在过去、现在，还是将来，总会至少遇到一个这样的人。

掠夺型人格的目的只有一个：榨取。他们做的事我们无法想象，屡次三番，毫无顾忌。他们活着就是为了盗窃、抢劫、伤害、消灭。大多数人的人生是建立在人际关系和个人成就上的，而掠夺型人格则不是这样，他们想的是如何利用别人、地点、局面来为自己谋利。这就是他们所有行为的根本动机。

这种人的思维方式跟正常人不同。正常人之间是相互关心的，他们则是假装关心甚至根本不关心别人。我们把别人看作跟自己是平等的；但在掠夺者眼中，别人是他们满足个人需求的机会或障碍。想要车了，就偷一辆；想做爱了，就去强奸；想钱花了，就盯上老年人的钱包……即使你逃离了他们的魔爪，也丧失了某种宝贵的东西：或者是对别人的信赖，或者是自我价值，或者是自尊……

信任是正常人的天性，在掠夺型人格面前却是个致命的软肋。他们没有情感依附，目无法纪，没有良心，也没有道德伦理观念，对他们来说，人生没有限制。规则、规定、限制、锁、围栏……这些东西不过是他们做事的小小障碍。正常人都是遵守各种规章制度的，但在他们眼里，我们都是傻瓜、笨蛋、废物，理应受到鄙视、贬损、嘲笑、辱骂甚至消灭。

正常人的成功是通过踏踏实实的努力得来的，而掠夺型人格的成功是抢来的。他们能极其敏锐地发觉别人的弱点，从而很快选定猎物：易受伤害的人、易受骗的人、易受影响的人、有创伤的人、有麻烦的人、年少无知的人、没有抵抗力的人……接着便猛扑过去，其手法或者温柔，或者残暴。

他们能够仅凭别人的举止和外表就能判断出是否适合捕食：那些热心地凑到车前给人指路的人；手拿大包小包的顾客；对陌生成年人毫无戒心的孩子；抄小路的青少年；淳朴的老年夫妇；为陌生访客开门的家庭主妇……他们无须思考，就像是在后台运行了一个软件，时刻在扫描中寻找机会和弱点。

他们知道在哪个聊天室里可以拐走你的孩子，而无须闯入你的家里；他们知道怎样在老年保健医疗计划和医疗补助方案里做鬼，骗取数亿钱财；他们知道哪家银行容易抢、哪家商店容易偷；他们知道该怎样藏身在有名望的组织机构里（如医院、慈善机构、警察局、学校、体育队、教堂等），既能用作伪装，又能利用其职业的合法性谋取利益。

像泰德·邦迪、约翰·维恩·盖西[1]、杰夫瑞·达莫[2]这样的掠夺型人格之所以臭名昭著、举国皆知，那是因为他们是连环杀手的缘故，但这样的魔鬼只是冰山一角。

任何一个连环强奸犯、皮条客、恋童癖者、人贩、黑帮成员都是掠夺者人格；虐待老人和儿童的那些浑蛋也是。他们的恶行，有些我们可以在报纸上读到，有些恶名昭著的则被写入书里或拍成影视剧遗臭万年。杰西·詹姆斯[3]、布屈·卡西迪[4]、“开膛手杰克”[5]、约翰·迪林杰[6]、艾尔·卡彭[7]、巴布罗·艾斯科巴[8]、伊恩·布拉迪[9]、詹姆斯·巴尔杰[10]、“华衣教父”约翰·高提[11]这些人统 统都是掠夺型人格，他们唯一的区别是罪行的类别和作案的手法。

监狱里这种人已经人满为患，监狱外游走的还有很多。掠夺型人格伤害他人不限于谋杀、强奸等方式，还有殴打配偶、虐待病患、恐吓雇员、贪污钱财、官员腐败、掠夺团体或政党的忠实成员，如果是国家领导的话，还可能是残杀民众。他们可能手拿公文包，携带笔记本电脑，背着双肩包，手拿《圣经》，托着足球，或怀抱婴儿；也可能拿着匕首、枪、砍刀、冰锥、毒药或绳子；他们可能是你的上司、宗教领袖、工作同事、理财顾问、你孩子的营队辅导员、你母亲的监护工、你家的保姆、你的情人或者邻居。

乔治·詹姆斯·特莱鲍是一名训练有素的化学家，智商极高。他对邻居佩吉·凯尔及其孩子心怀厌恶，因为她纵容孩子们在玩耍时大声喧哗。1988 年，趁着他们不在的时候，他毫无人性地往他们的可乐瓶中加了铊，差点儿把孩子们毒死。对一个掠夺型人格来说，这就是解决问题的快捷办法。

1978年，约翰·莱昂斯开车载着全家人行驶到亚利桑那州阔茨赛特附近，他看到有辆车抛锚了，就停下来帮忙。作为回报，那辆车上的两个人——盖里·蒂森和兰迪·格林沃特——杀了约翰一家。为什么？跟上面的特莱鲍一样，他们需要一个快捷而有效的方式来解决问题——他们俩刚刚越狱出来，不想被人告发。

哈罗德·西普曼医生在英格兰海德小镇行医，病人们都认为自己身处一个十分安全的医院，对重病患者来说，这是一个理想的治疗场所，但前提是——你的主治大夫不是哈罗德·西普曼。在1971到1998年间，他共杀死200多个病人，通过侵占他们的珠宝首饰、金钱、修改病人遗嘱等方式发家致富。

在整整20年的时间里，外界一直认为蒂姆和瓦内塔丰夫妇非常不幸，因为他们的孩子总是因“婴儿猝死综合征”而死，后来，经过深入调查才发现，他们其实是被瓦内塔故意杀死的。跟哈罗德·西普曼医生的病人们一样，这些孩子也是身在安全的地带，却遇到了危险的人——掠夺型人格。每到孩子长到几个月大时，她就掐死他们；这么做的目的，仅仅是因为他们受不了孩子整日的哭闹。

所以，安全与否，其实跟地点（街区、高速路、医院、家里）毫无关系，其关键在于附近是否潜藏着掠夺型人格。正是因为他们的存在和接近、他们的冷血和麻木不仁，才增加了你受伤害的风险。其结果——是折磨还是伤害，是生还是死——都取决于他们。

这就是犯罪小说作家安妮·鲁尔的亲身经历。20 世纪 70 年代，她在一个犯罪热线工作，后来她写了一本书——《身边的陌生人》，书中记述了她跟一个掠夺型人格共事的经历，而这个人可不是一个普通的掠夺型人格，他就是臭名昭著的连环杀人案凶手泰德·邦迪。而她能免受杀害、好端端地活着去写书，仅仅是因为泰德没把她当成猎物。

如果你对掠夺型人格没有形象的了解，那就试着想象一下飓风或龙卷风的样子——呼啸而过，寸草不留。每一个直接受害者的背后，都有大量间接受害者：亲属、配偶、孩子、朋友……受过掠夺型人格伤害的孩子，可能会伴着心理创伤长大，其影响甚至会代代相传。掠夺型人格的家人也可能会受到公众的指责、鄙视，还可能遭受经济困难。伯纳德·麦道夫的妻子因丈夫诈骗了投资者数十亿美元而受人唾弃和排斥，麦道夫被捕两年之后，他的儿子就上吊自杀了，因为他无法承受父亲的罪过带给自己的苦恼，也不愿再受其连累。

看看天主教神父性侵儿童丑闻被曝光之后，有多少人丧失了对天主教的虔诚。掠夺型人格的影响是巨大的。掠夺型人格频繁出没的街区就是一个危险地带，人们把自己关在家里，生怕遭到抢劫和盗窃。现在的纽约比 20 世纪 80 年代早期我当警察的时候要安全多了，这是因为鲁道夫·朱利安尼市长[12]和纽约警察局重点打击各个层面的“捕食者”。掠夺型人格（甚至包括强行乞讨和街头涂鸦等）没有了，纽约的大街小巷重新回到本分的市民手中。

我很想说“你现在和将来都不会碰到掠夺型人格”，但那都是假话。但是，只要大家能掌握一些相关知识，就能更好地识别出这些危险人格，避免自己的美好未来被他们无情地玷污。这么说不是吓唬你，而是给大家提个醒：因为你在明处他们在暗处，不得不防。所谓“死里逃生”，指的就是了解危险人格的本质和行为方式，从而避开祸患。

☀ 掠夺型人格的特征

掠夺型人格往往精于伪装，不刻意观察的话很难将其辨别出来。他们可能非常聪明、友好、迷人、温顺、低调，或同时具有其中几个特点。事业成功、朋友众多、身居高位等优点，跟身为一个掠夺型人格并不矛盾。宾夕法尼亚州立大学的老师、学生、运动队成员、校友等人从杰里·桑达斯基性侵学生这件事中得到的教训就是这个；伯纳德·麦道夫的朋友、同事从其金融骗局中得到的教训也是这个。

这种人精于算计、深谋远虑、掠夺成性。当你从报纸上看到某人精心计划并实施了某次犯罪、某人跟踪监视其“猎物”、某人是常年犯罪、某人不远千里实施犯罪、某人精心策划了“庞氏骗局”……你看到的就是掠夺型人格。同样地，当你听说某人经常违法乱纪、是个连环性犯罪者或“惯犯”，某人阴谋骗取他人钱财……你听说的也是个掠夺型人格。

掠夺型人格经常换工作、改变计划、欠债不还、毁掉或终结一段人际关系、辜负或利用别人、逃避责任，对这些事大家要心里有底；他们会违反法律、背叛信任、取不义之财，欺骗、伤害别人，致人伤残甚至害人性命，对这些事大家也要心里有底。大家一定要作好心理准备，不要认为这种人会变好，也不要幻想他们不会伤害你。他们的魔爪是一定会伸出来的，唯一不确定的是他们的目标是什么、是谁。

掠夺型人格的知识面很广（但都不精通），所以他们能迅速与"猎物"找到共同语言并诱惑其上钩。他们喜欢把人看作木偶并加以控制：用玩具和糖果哄小孩子高兴、在网上花言巧语哄骗女人见面、向涉世未深的年轻人寻求"帮助"、怂恿人们出钱跟他们合资……这种人极其擅长骗取别人的信任，因此才会被称作"骗子"。

跟本书中所述的其他危险人格一样，掠夺型人格的行为也有程度上的区别。有些人的"捕食欲望"较低，他们的行为危害性不大，也许就是偶尔违反个规章制度什么的；跟人相处时，他们虚伪而惯于欺诈；或常常因小打小闹的犯罪而陷入麻烦。

另一些人则极为病态，只要他们高兴，就会无恶不作。从某个角度来看，约翰·爱德华·罗宾逊是个多才多艺的人，但他又是一个集多种罪恶于一身的恶魔：欺诈、盗用公款、伪造信件、绑架、虐待、连环杀人……2003 年他供认说自己曾杀了三个人。他被视为互联网时代第一个连环杀人凶手，因为从 1993 年之后，他的"猎物"都是从网络上诱捕到的。他就是极端掠夺型人格的典型：博学多才与极其危险的结合体。

以上关于极端掠夺型人格的事都是我们听说或在报纸上看到的，他们之所以很难被人发现，其原因有二：一是他们的确精于此道，二是事后没有人报案。但不论其掠夺型人格的程度如何，是高还是低，他们都有一个共同的特征，那就是他们都能从错误中吸取经验教训，不断进化。说到这里我想起了朱利安（化名）的事，我对他的情况非常熟悉，因为他的母亲是我们家的老朋友。

据我们所知，朱利安开始干坏事时仅仅 10 岁左右，那时他就偷父母的钱。后来偷的数目越来越大，频率也越来越高。每次父母找到他头上，他就道个歉了事，但过后照偷不误，技术也更加高超。为避免父母起疑心，他开始去偷朋友和玩伴以及这些孩子的父母的钱。

稍大点之后，他开始偷葡萄酒和伏特加，家里的处方药买来之后很快就没有了，有一次甚至被他换成了阿司匹林。你指责他的偷窃行为，他早就准备了一大堆说辞。他的父母不管他，他说什么就信什么，或者也是不想太为难他；据他们自己的说法，他们认为等朱利安长大了这些毛病就都改了。

后来朱利安学会了开车，这下头疼的换成了交警。他的汽车不是今天刮花了，就是明天凹个坑。有一天他开车回家，车上的挡泥板少了一个，一个小时过后，警察找上门来，说朱利安涉嫌肇事逃逸，把人撞伤了。当然，朱利安还是不承认。这是他第一次触犯刑律。应该还有别的类似情况，但考虑到他年纪尚小，每次都被从轻处罚了。

到了 21 岁时，朱利安已经精通于用伪造的支票或在 ATM 机上从父母账户上取钱了。他偷的钱数目越来越大，而他的父母年纪也大了，对他没什么威慑力，甚至对其行为睁一只眼闭一只眼；或者他们是被这样一个儿子——掠夺者、小偷、满口谎言的骗子、瘾君子，对他们和社会来说都是个危险分子——早已身心疲惫死了心。

压垮这个家庭的最后一根稻草终于出现了。朱利安偷走了父亲的汽车，拆掉卖了零件。也在同一周，他拿走了家里最后一笔钱，说“一定是被老鼠吃了”，因为那些钱是被藏在屋椽上的。朱利安的父亲在身体和心理上都受到了沉重打击，几个月后就黯然离世了。据说，在他父亲的葬礼上，朱利安还问能不能把父亲手腕上的手表拿走当掉，还问父亲在遗嘱上有没有给他留点钱……

你以为故事到这里就结束了吗？没有。朱利安又逼着母亲把退休金账户的账号和密码给了他，随后就把他老母亲洗劫一空。他母亲已经年过七旬，现在竟然被迫出门打工谋生，因为她没有了退休金，房子也因为还不起贷款被银行收回去了，再加上儿子的“诸多事情”……

这就是掠夺型人格的可怕之处。朱利安从未杀人，但他却给一个家庭造成了巨大的痛苦和灾难。之前他曾多次被警方调查，却常常逃脱法律的制裁。随着时间的前行，他犯罪的手法也在进化，但其结果都是一样的：他满嘴谎言、欺诈偷盗，像个寄生虫一样榨取别人的劳动果实。如果你在街上遇到了他，他一定会给你一个微笑。为什么不呢？别人都是他的宿主啊。也许你也是其中之一呢。

综上所述，虽说掠夺型人格在细节上存在差异，但他们也有一些共性：他们只知索取，从不付出；置他人于危险之中；麻木无情、冷漠傲慢，对别人，甚至亲人都毫不关心。

不懂同情，不知懊悔，没有良心

大家可以去找丹尼斯·雷达[13]——BTK（“绑、虐、杀”）连环杀人凶手的视频，听听他自述是如何杀死那些受害者的，然后你就能明白心理学家为什么会用“情感缺乏”来形容他了。在很多掠夺型人格身上都能看到这种冷血、“平淡”的语言和腔调，甚至在他们自述令人毛骨悚然的罪行经过时也是如此。

掠夺型人格的情感系统跟正常人不一样。他们不能理解别人的痛苦，也没有同情心。他们的情感是肤浅、做作、自私自利的。正如例子中的朱利安那样，这种人竟然能对爱着他们、保护着他们、为他们付出一切的人下手。别人的单纯或不幸正是他们的机会：一个伤心的离婚女人或一个悲伤的寡妇就是他们的“饭票”；一个没有戒备之心、无人看管的孩子就是可以用食物和小玩意儿骗来的性玩具；旅客和移民就是可以偷窃、收取保护费的“冤大头”；对他们来说，每个淳朴或处境不佳的人背上都写着“不骗白不骗”五个醒目的大字；任何自然灾害都是他们设立冒牌“财物捐赠处”的机会……

这种人知道是非对错，也知道什么是坏事，但他们非要去做。奥地利人约瑟夫·弗雷茨（Josef Fritzl）把18岁的亲生女儿囚禁在地窖里24年之久，其间共强奸她3000多次，生下了 7 个孩子，并且不论大病小病，从未带她或孩子去看过医生。他是这样对心理医生说的："我的性格里有魔鬼的成分。"约瑟夫·弗雷茨知道自己的行为是不对的，24 年里，他有 8000 多天时间可以停止施虐，但他就是停不下来。

即使掠夺型人格能够感觉到愧疚，这种愧疚感也是短暂的、没有约束力的，他们不会因此而悬崖勒马、改邪归正，因为他们根本就不理解自己给他人造成的伤害——他们毫无懊悔之心。要产生负罪感，前提是对自己的行为负责，而掠夺型人格活着就是为了榨取别人、利用别人，而不是去承担责任。他们总是能把责任推到别处：或者是他们的成长经历，或者是上司不好，或者是受了"黄毒"的毒害……任何能帮他们摆脱罪责的人或事都能成为其"替罪羊"，甚至会归咎于受害者本人。以前文曾提到的朱迪·阿里亚斯为例，她跟踪前男友、给他打骚扰电话、找到他、连刺他 27 刀、一枪爆头，还差点儿把他的脑袋割下来；但她说，这都是被他逼的，反正跟她这个受不了被人抛弃、反复无常、自私自利的掠夺型人格无关。是的，只要是跟掠夺型人格有关的恶行，错都是受害者的。还好，朱迪一案的陪审团并未上她的当。

冷血无情，精于算计，控制欲强

掠夺型人格都是冷血无情的，因此我们常常把他们比作爬行动物。在审讯中，这种罪犯通常对情感无动于衷，跟悲痛欲绝的受害者亲人形成鲜明的对比。臭名昭著的连环杀人凶手亨利•李•卢卡斯[14]是这样说的:“杀人就像出门散步,想杀人了,就出去随便找一个。”这就是掠夺型人格的思维方式。

对他们来说,人生就是一场“夺宝游戏”,所以就要精于算计、瞒天过海。前文提到的“杀人小丑”约翰·维恩·盖西,他在伊利诺伊州芝加哥市的社区慈善活动中打扮成“高跷小丑”,逗孩子们开心;但他也狡猾地诱骗男孩到他家里并虐杀掉他们——前后总共33个人。想必这些年轻人死前都曾苦苦哀求过约翰·维恩·盖西,但他照旧无情地杀了他们。

还有前文提到过的哈罗德·西普曼,这个在英格兰海德小镇受人尊敬爱戴的医生,他泰然自若地将恶行隐藏了数十年之久。为了自己的经济利益,他无情地杀死了那些最需要他帮助的人。要不是因为他的病人死得太多,真相还不知要掩藏多久;如果这样的话,不知道又有多少病人死在他的手上。他对自己的犯罪行为一点儿都不在意,已经习以为常、无动于衷了。

出于必要,掠夺型人格会精心编造各种谎言。正常人利用语言来进行交流,这种人则是利用语言达到控制他人、逼迫他人、勾结他人的目的。他们对诙谐、劝说、诱惑、恳求、道歉等语言了若指掌、应用熟练,就像工匠手里的刻刀、音乐家手下的音符一样。发誓不再欺骗、不再偷窃或不再打你都只是一句空话而已,他们的话一点儿都不值钱;但甚至连执法人员、夺型人格的行为要比电影中凶残恶劣得多。而以上面两个例子而言，库林斯基令汤米自愧不如。

掠夺型人格往往会酗酒或滥用违禁药物，而此举令他们更加不稳定，也更危险。或者，他们是故意为之，通过酒精和毒品来释放被抑制的本性，或将其用于诱惑麻醉他人。原先在FBI工作时，我曾审问过很多类似的案子，某个继父甚至生父设法让未成年少女（甚至包括他们的女儿）摄入酒精或毒品，从而达到强奸她们的目的。"杀人小丑"约翰·维恩·盖西的作案手法就是用酒精使受害者变得顺从（特别是在他实施强奸或残杀之前）。

掠夺型人格常常会说自己冲动压抑不住，或说他们管不住自己，但这都不能当成他们罪行的借口。如果他们也懂得反思的话，那一定是为了完善其掠夺手法。永远都不要相信他们会反省悔过。狗改不了吃屎。

掠夺型人格的特征词汇

以下词汇是受害者对掠夺型人格的描述，未经任何改动。大家也许会注意到，其中很多词与自恋型人格的描述很相似，但跟其他三种危险人格相比，掠夺型人格又有着明显的不同。

不正常、辱骂、好斗、没有目标、没有道德、禽兽、违背社会公德、自大、口才好、坏蛋、小人、坏人、野蛮、王八蛋、畜生、迷人、轻视、好战、令人困惑、飞车帮、黑寡妇、粗野、胡说八道、欺凌弱小、精于算计、无情、有魅力、有女人味、骗子、聪明、冷淡、冷血、欺诈、骗术精湛、诡诈、纵容、鄙视、控制欲、堕落、谄媚、恐怖、罪犯、没教养、狡猾、危险、虚伪、流氓、侮辱人、卑鄙、疯狂、有害、邪恶、妄自尊大、令人不安、不和谐、令人厌恶、不诚实、不老实、捣乱、盛气凌人、利己主义、令人震惊、空虚、魔鬼、剥削、煽风点火、弄虚作假、歹徒、男妓、油腔滑调、不敬神、浮夸、窃贼、无罪、草率、狠心、凶恶、可怕、怀有敌意、皮条客、淫荡、冒名顶替、冲动、矛盾、轻率、不可救药、下流、冷漠、没有信仰、残忍、没有人情味、神经病、贪得无厌、冷漠、伪善、紧张、有趣、吓人、不可靠、急躁、惹人生气、凶手、有盗窃癖好、贼、犯法、好色、吸血鬼、说谎、不懂爱、不择手段、恶毒、好支使人、刻薄、善变、有吸引力、盗匪、情绪化、怪物、令人羞愧、自恋、游荡、声名狼藉、败坏道德、讨厌、古怪、寄生虫、水蛭、恋童癖、性变态、挑的女儿拉来对质，问她："我对你好不好？我是不是给你买了很多东西？告诉你妈妈这都是误会。"她一个小女孩能说什么呢？卡拉说，女儿当时明明是在瑟瑟发抖。而她丈夫的结束语是："看到了吧？根本没啥事嘛。"

卡拉把手机抓在手里，对他说道："我给你一小时时间收拾东西离开这里，否则我就打电话报警了。"说完她就把女儿带到屋外，让一个邻居帮忙照看着女儿，又通知家人过来接她们。

她丈夫还想跟她辩解，而她只是指了指墙上的挂表。卡拉告诉我说，当时她头皮发麻、浑身战栗，一想到曾让女儿跟这个禽兽单独在一起那么久、一想到他发给女儿的那些短信，她就不寒而栗。真正令她吃惊的是，她丈夫还在辩解，说那都是卡拉的胡思乱想——这是掠夺型人格常用的伎俩。直到这时，卡拉才真正明白过来，她面前的这个人是掠夺型人格。而此时她更加愤怒，因为，用她的原话来说："他还想骗我，还把我当傻瓜。"

继子、继女常常是再婚的掠夺型人格的性虐对象。我很赞赏卡拉，她的做法是对的，并且一发现就立刻采取了行动，未有丝毫迟疑。即便如此，她也为此付出了沉重的代价：时间、金钱、法庭供词、离婚诉讼、律师费……这件事让她从此不敢相信任何人，也因此常做噩梦；还有女儿所遭受的心理创伤，她感觉自己被出卖了，她妈妈将一个禽兽带到了家里。很多年过去了，她们还未完全从这件事的阴影中走出来。这就是掠夺型人格所造成的危害。

不管怎么说，卡拉成功地保护了自己和家人，但有些女性就没有那么幸运了。有些人是未能逃离危险，有些则是没能及时发现危险，还有一些惨剧是因为受害者年龄太小、太无助、太信赖别人。玛丽贝斯·廷宁的 9 个孩子都在其单独照看期间死去，遗憾的是，警察找到的证据只能证明她杀死了他们中的一个。还有黛安·唐斯，她认为三个孩子妨碍了她与一个不喜欢孩子的有妇之夫的感情，于是，在 1983 年，她朝孩子们开了枪，打死了一个，重伤两个，随后朝自己前臂开了一枪，伪造成受到持枪抢劫的样子[24]。这些孩子经历的都是什么样的事啊。

1999 年，我曾应佛罗里达州坦帕市希尔斯博罗县警察局的邀请，参与调查一起案件。案件的主角是克丽斯塔·德克尔，她有三个孩子，她告诉警察说，在她去取购物车时，她六个月大的男婴被人从车里偷走了。

我跟克丽斯塔谈话时，距离她声称孩子被偷只过去了几个小时，我说想听她谈谈孩子们都是什么情况。而听她对三个孩子的不同描述，我大吃一惊。在谈到两个大点的孩子时，她的话语里充满温情，而在说到失踪的这个婴儿时，她的言语中明显带着某种冷漠。我们对她的陈述起了疑心，而真正让她露出马脚的是——她的小儿子仅仅失踪了几个小时而已，她在谈到他时却使用了过去时态："He was always a good baby."（他总是很乖的）而谈到两个大点的孩子时，她说的是"are good kids"（他们都很乖）。其冰冷的语气、使用的过去时态，都令我们相信——这个婴儿已经死了，并且，她知道。（如果对孩子的生死不知情，或认为孩子仍然活着的话，应用 is，而非 was）事实的确如此。最后克丽斯塔承认是她用一个塑料垃圾袋闷死了孩子（这孩子的生父不是她的丈夫，而是另一个男人），因为"他老是在哭"。看到了吧，掠夺型人格就是这么冷酷。

由此我们可以总结出：如果你的家人中有掠夺型人格，或者你与掠夺型人格搭上了关系，就绝无安全可言。

与掠夺型人格相处

在一生时间里，我们会遇到很多数掠夺型人格，但大多数都是仅有短暂的接触，如在运动会上、在酒吧里、在工作中、在音乐会上，或是在别人介绍下寒暄几句。他们在我们身边来了又去，对我们没什么伤害；因为他们有自己的安排。然而，还有些掠夺型人格之所以会与我们相遇，是因为他们已经将我们锁定为"猎物"，或我们的职业、生活与其有交集。他们正是我们应该警惕的人。

他们之中，有盗用公款者，有银行劫匪，有扒手，有偷车贼，还有很多各种各样的恶人。所以我们才制定了《亚当沃尔什儿童安全保护法》《梅根法》《杰西卡法》以及其他法律法规，因为有太多掠夺型人格是将未成年人当成猎物。有些人是监狱里的常客，屡教不改；有些则数十年为患作恶未被发现，如天主教牧师虐童丑闻。

能得到这些法律的保护，我们十分幸运；但即使有了这些法律，还是有杰里・桑达斯基这种禽兽向孩子们伸出魔爪。性侵犯始终是社会的顽疾。再比如说，英国人怎么都想不到，著名的BBC电视明星、儿童节目主持人吉米・萨维尔[25]会强奸少年儿童。但是他就是这样一个人，并且持续作恶数十年之久；然而，所有对他的指控都因其名声和地位而以“证据不足”收场。所以，不论这个人是谁，只要他们是掠夺型人格，让孩子跟他们在一起是绝无安全可言的。

女性也常常是他们的猎物。20世纪60年代，外号“波士顿行凶客”的阿尔伯特・亨利・德索沃[26]就在波士顿市游荡，四处寻觅机会。他用各种借口——他是一个模特经纪人、他的车抛锚了、他需要打个电话等——骗得女性开门，让他进到房子或公寓里。这些女人都觉得在自己家里是安全的，但是，我在前文中曾提到过——不论在哪里，只要是跟掠夺型人格在一起，就绝无安全可言。

有时候我们会无意中走进掠夺型人格的“狩猎区”，这样他们就更容易捕食了。2005年，娜塔莉・赫罗薇跟高中同学一起去加勒比海的阿鲁巴岛度假，在那里她结识了乔兰·范德斯鲁特，几个小时之后她就失踪了，并且极有可能被害。但她的尸体一直没有找到。

从表面上看，范德斯鲁特英俊潇洒，风趣幽默。遗憾的是，娜塔莉却没有足够的时间去发现他的本来面目。娜塔莉失踪5年之后，范德斯鲁特在秘鲁一个赌场里认识了斯蒂芬妮·塔蒂阿娜·弗洛里斯·拉米雷斯，随后又抢劫、杀害了她。你也许会问，他为什么要这么做？这个问题也是娜塔莉的父母要问的。不幸而可悲的是，掠夺型人格作恶时从不考虑原因，这只是他们的本性[27]。

有时候，厄运降临仅仅是因为你生活在某个掠夺型人格旁边。2013年5月，就在我写作本章的同一周时间里，阿里尔·卡斯特罗在俄亥俄州克利夫兰市被捕，之前他绑架了三名少女，将她们囚禁了10年之久，并与其中一个女孩生下了至少一个孩子。她们之所以遭此厄运，仅仅是因为她们跟一个掠夺型人格生活在同一个街区。后来，阿里尔·卡斯特罗在监狱中吊死了，没能参加审判。他用自杀击败了法律的公正。

此外就是那些工作中的掠夺型人格，他们将捕食生活与职业合二为一。查尔斯·卡伦[28]是一名夜班护士，他承认自己共杀死40位病人，但这个数字只是冰山一角。他把救人的工作变成了杀人的机会。

20世纪80年代，克莱德·李·康拉德也把犯罪活动融入周围环境中。当时，他是美军驻扎在德国的一名陆军中士，他一有机会就偷窃军用物资，将汽油、香烟等配给物资拿到黑市上出售；更有甚者，他还偷窃美军的军事机密卖给华约组织国家[29]。他的行为将数万驻德士兵和数百万欧洲平民的生命置于险境，而这一切仅仅是为了钱。

有些掠夺型人格是社会或社区的栋梁——退伍老兵、虔诚的教徒、志愿者、童子军领袖、教练、公务员等。比如前文曾提到的丽塔•克朗德维尔，她是伊利诺伊州迪克森镇的审计官，也是著名的美国夸特马养马人[30]。她在 22 年时间里一共贪污了 5300 万美元。还有前文提到的“BTK 杀手”丹尼斯・雷达，他是一个教会领袖，同时也是一名可靠的市政员工，但他利用自己对城镇的了解、利用工作的便利性去四处狩猎。

最后要说的是那些企业中的掠夺型人格，不论在大型公司还是只有两个人的小公司，都有他们的身影。有人曾说过，现在的商业环境，特别是高风险、残酷的金融世界，都吸引着掠夺者，也对其掠夺行为报以丰厚的奖赏。这种人也许魅力非凡、引人注目，但他们冲动、好胜的行为也可能将公司毁于一旦。安然公司的肯尼斯・雷和杰弗里・斯基林就是其中的例子。安然公司于 2001 年破产，它不仅是美国历史上最大的公司破产案，还造成了很多人丧失生计、一贫如洗。安然公司破产案始终提醒着我们：一旦道德沦丧的人掌管了公司，大范围的“捕食”即将发生。2008 年的金融危机[31]，其中一部分起因，就是由金融产业的掠夺型人格造成的：他们一方面大搞高风险借贷，一方面又因其反复无常的性格而套期保值[32]。

在商界，进取心和韧性是一回事，而犯罪行为和蓄意诈骗就是另一回事了。商界人士也渐渐明白，若是高层存在掠夺型人格，那将给公司、投资者和员工带来严重危害，他们或者做出高风险的举动，或者会影响整个行业的安定、安稳和安危。

跟掠夺型人格共事已经够糟糕的了，而若是他们掌控了政府，那么其影响将是令人恐怖的。问一问那些曾经历过阿道夫·希特勒统治的人，你就能明白其中大概。有"波斯尼亚屠夫"之称的拉多万·卡拉季奇[33]也好不到哪里去，与之相似的还有伊拉克前总统萨达姆·侯赛因[34]，他用酷刑和毒气对待库尔德人民。

身为领袖的掠夺型人格只有一个目标，那就是不择手段保住权位。对他们来说，痛苦和死亡无关紧要。

读到这里大家想必已经明白，跟掠夺型人格相处总是危险的。有时候，我们与其遭遇仅仅是因为我们在错误的时间出现在了错误的地点；又或者，他们就是我们的上司或身旁的同事。不论是什么情况，只要了解了这些人的行为方式，我们还是能保护自己的安危的。通过观察其言行举止，我们可以判断出他们到底是心性恶毒，是丝毫不负责任，是自私自利，是个危险的侵扰，还是一个致命的威胁。这是我们对自己、对亲人的责任所在。

危险人格清单：掠夺型人格的征兆

在本书前言中我曾提到过，在多年的工作中，我根据危险人格的行为方式制定了一份清单，以此来辨别危险人格。下面列出的这份清单将帮助大家辨别某人是否属于掠夺型人格，以及其情绪不稳定的程度如何：工于心计、投机取巧；冷酷无情；没有道德感、极度危险。在这份清单的帮助下，大家能够对如何与其打交道有个清晰的脉络，能够更为确切地判断其恶劣程度及是否会给你或他人带来威胁。

本章的这份清单，以及本书中其他“危险人格清单”，其设计目的都是供你我这种没有专业心理知识的人日常使用。它不是心理诊断工具，其设计宗旨是教给大家一些实用的知识和信息，并对大家目睹或亲身经历的某些事情进行验证。

请大家仔细阅读每一条陈述，在符合他们特征的条目前打上对号。一定要做到实事求是，回想一下他们的言行，或别人是怎么对你描述这个人的。当然，最可靠的还是第一手资料：想想你亲眼目睹到的，以及你在其左右或与其打交道时的感觉。

只选符合特征的条目，不要猜测，也不要想当然。如果感觉模棱两可，就不要勾选。有些陈述看起来与其他条目重复或意思相近——我是故意这样安排的，因为经历和描述会因人而异，存在细微差别。

为保证测试结果的可靠性，请大家务必做完150个测试条目。在一份做完的清单里，有些甚至是你从未考虑过的情况，还有些条目会让你想起一些忘记的事。所以，请务必逐条阅读，千万不要感觉不耐烦，也不要因为觉得前面几条都不符合就坚持不下去。

做完之后请核对分数并查看结果分析，现在，请大家认真阅读清单。

请逐条阅读，在符合特征的条目前打上对号：

□ 1. 虐待、利用别人，不尊重别人的权利。

□ 2. 喜欢支使、操纵别人为他们做事。

□ 3. 小时候就曾被逮捕并受法庭审判，或有删掉的未成年犯罪记录。

□ 4. 自我为中心，觉得享有特权，可以爱干什么就干什么，即使伤害别人也毫不在意。

□ 5. 对违法乱纪的经历扬扬自得，吹嘘自己犯罪或骗人的“光辉成就”。

□ 6. 谎话连篇，说谎上瘾，在毫无必要的情况下撒谎。

□ 7. 认为规章、制度、法律等都是给别人制定的，跟自己无关。

□ 8. 屡次触犯法律，或违背习俗、情理。

□ 9. 能够敏锐地发现别人的弱点并加以利用。

□ 10. 小时候及成年时都有过在商店“顺手牵羊”的经历。

☐ 11. 缺乏愧疚感，对别人的痛苦无动于衷。

☐ 12. 在饭店吃饭时想方设法不付钱，或曾吹嘘自己“白吃饭”的经历。

☐ 13. 把自己的行为归咎于生活、周围环境、父母、其他人，甚至受害者。

☐ 14. “控制”和“主宰”在其生活中占了很大比例，常常试图统治别人。

☐ 15. 大家都说这个人“无情”、“恶毒”、“讨厌”、“没有道德”、“没有良心”、“不正派”。

☐ 16. 曾多次开具假支票，或账户余额不足导致支票无法兑现。

☐ 17. 在欺骗中获得快乐。

☐ 18. 喜欢通过身体碰撞、盯着看，或言语挑衅来激怒别人。

☐ 19. 自信心过盛，但往往不顾虑后果，或其信心没有实用价值。

☐ 20. 无法忍受批评，常常报以生气、暴怒或威胁要报复对方。

☐ 21. 过去在学校上学时，或现在上班时都是一个爱欺负人的坏蛋。

☐ 22. 善于赚取别人的信任，然后为自己谋利。

☐ 23. 利用家人、朋友、同事、亲人获得钱财，或让他们为自己撒谎，或让他们为自己作伪证。

□ 87. 声称自己在CIA[35]、海豹突击队或其他秘密或精英部门工作，却拿不出可信的证据。

□ 88. 曾因不能通过心理测试而在参军或应聘工作中被拒。

□ 89. 在跟这种人打交道或在其左右时，人们的身体会有如下反应：起鸡皮疙瘩、毛发竖立、胃痛或反胃。

□ 90. 恶毒地对待别人，压制别人，贬低别人。

□ 91. 有犯罪史(包括敲诈勒索等)，并且曾经侥幸逃脱惩罚。

□ 92. 对痛苦、虐待、折磨以及如何高效杀人怀有较强的好奇心。

□ 93. 曾在拘留所、看守所、教习所等地方待过。

□ 94. 曾有强奸、抢劫、用致命武器攻击他人的行为。

□ 95. 曾经盗窃、财产犯罪，或多次偷盗汽车。

□ 96. 用嘲笑的语气谈论女人，把她们看作"婊子"。

□ 97. 曾性骚扰儿童（如抚摸或露出下体等），或考虑过与儿童发生性关系。

□ 98. 对自己的行为缺乏自控能力。

□ 99. 其母亲曾做过妓女或曾从事性交易。

□ 100. 有恋童癖。

□ 101. 私生活糜烂，做爱时不采取保护措施，可能会传染给别人性病或艾滋病。

□ 102. 有多个私生子，却不对其负责任（情感责任、监护人责任、经济责任等）。

□ 103. 为自己的恶行或罪行辩解，说受害人是“自找的”。

□ 104. 保释后逃之夭夭，令家人或朋友损失大笔保释金。

□ 105. 经常一下子消失好几天甚至好几周时间，回来时却一句解释都没有。

□ 106. 人们曾说在此人身边会“感觉不舒服”或“不相信他”。

□ 107. 总是希望别人能给他们提供不在场证明、藏身之所或免受法律制裁的庇护。

□ 108. 曾擅自闯入别人的汽车、公司、家中，或曾跟踪过别人。

□ 109. 借朋友或同事的钱很少会还，或从来不还。

□ 110. 经常虐待配偶或孩子。

□ 111. 孩子或配偶都躲着他们，或害怕跟他们在一起。

□ 112. 曾说过（或写过）自己有犯罪或强奸的想法。

□ 113. 屡次欠钱不还，或信用卡不能按时还款，或不能如期支付孩子的抚养金。

□ 114. 曾经（或宣称）杀过人，对此事不以为意或四处吹嘘炫耀。

□ 115. 曾未经同意就用别人的信用卡。

□ 116. 想通过违法或不道德的方式获得权力、性或金钱。

□ 117. 快要付款时，总是说忘带钱包，或说自己的钱都在“周转”，拿不出来。

□ 118. 工作中刻薄或蛮横，经常当众训斥下属。

□ 119. 作为父母，对孩子不负责任、疏忽怠慢、置身事外、无情麻木、粗心大意。如不照看孩子、不喂孩子、不给孩子洗澡、不送孩子上学、不带孩子看病等。

□ 120. 疏远他人，从不真正与人接近。

□ 121. 为避免被人告发、避开警察或逃避经济责任而出国或移民。

□ 122. 针对老年人或高龄群体施虐或骗取钱财。

□ 123. 曾参与制作儿童色情作品。

□ 124. 少年时行为不端。

□ 125. 据说是个性虐待狂。

□ 126. 曾很不光彩地被部队开除。

□ 127. 不懂什么是爱情；搞不清"爱情"和"性"的区别。

□ 128. 为虐待儿童的行为寻找正当理由，如"孩子总是哭个不停"或"这么做是为了让孩子变得坚强"等。

□ 129. 生活在社会的阴暗面，有"坏朋友"或结交不三不四的人（如黑帮成员、毒贩、妓女、皮条客、流氓等）。

□ 130. 持有违禁品、儿童色情产品或武器等用于犯罪勾当中。

□ 131. 是黑帮的打手或头目。

□ 132. 是犯罪集团或组织（毒贩、黑帮、犯罪家族等）的成员，或从事贩卖人口，或是个皮条客。

□ 133. 屡次因为表现不佳、不服从命令、吵架、旷工等原因被开除或解雇（哪怕是极其简单的工作）。

□ 134. 身上有表示拥护种族仇恨、犯罪或厌恶女人等意义的文身或符号标记。

□ 135. 不能容忍无礼和取笑，一旦遇上这种情况就会变得愤怒而刻薄。

□ 136. 不懂得从错误和经历中吸取经验教训。

□ 137. 常常不问一声就拿别人的贵重物品，或总是从商店里偷东西（顺手牵羊）。

□ 138. 极少说“对不起”，或只有在逼迫下才会道歉。

□ 139. 拒绝接受别人的道歉，记恨于心，并猛烈报复。

□ 140. 曾经（或正在）在某个非法、恐怖主义组织工作或从事犯罪行业，如地下彩票、赌场、贩毒、偷车等。

□ 141. 在其履历中有明显的因入狱导致的职业空白期。

□ 142. 曾虐待(缺衣少食)、监禁、强奸在其看管下的儿童。

□ 143. 曾使用绳子、手铐、加固的房间，或其他囚禁工具对待违抗自己意志的人。

□ 144. 从别人的痛苦和苦难中得到快乐。

□ 145. 喜欢让人在心理上感到不舒服或害怕。

□ 146. 总是满腔怒火、充满敌意、怨恨整个世界。

□ 147. 曾对别人说自己有“阴暗、脾气坏、邪恶”的一面，但都被当成玩笑话未加留意。

□ 148. 脑筋死板、顽固，不管什么事都必须按他们说的那样去做，否则就会大发雷霆。

□ 149. 他生命中的女人或者是变得厌恶、憎恨他，或者是不再相信他，或者是神秘失踪。

□ 150. 跟这种人相处时，你会感到焦虑、不安全，受到伤害和折磨，被欺骗或背叛。

结果分析：

数一下这个人到底符合多少条目。

25个以内：此人偶尔会在情感上给他人造成伤害，或利用他人。与其一起生活或工作也许会有麻烦，也许会危及你的财务状况。

26～75个：此人具备了掠夺型人格的基本特点，是一个“捕食者”。你应该保持警惕，如果你跟此人的关系比较亲密或比较长久，或与其存在利益交集（如借款、金融交易、投资、租借房地产、照看孩子等），就更要小心。

警告——如果此人符合的条目在75个以上，那么此人即是典型的掠夺型人格，会在情感、心理、经济或身体上给你和他人带来危险。你应该立刻采取行动远离这个人。

如何应对

掠夺型人格是出了名的死不悔改，如果要改，也是改良了他们的掠食技巧。医学博士斯图尔特·C. 宇多夫斯基在《致命缺陷》一书中说道，心理健康专家在处理反社会人格时困难非常大；如果连专业人士都是如此，平常老百姓又会是怎样呢？我们可用的资源很少，但要尽可能远离这些危险人格。

以我和很多专业人士的经验而言，大家应该尽量远离这些人，让有资质的专业人士介入进来。我很同意一句人生智慧："识危避祸，智者不惹疯狗，君子不交恶友。"

大家都不是心理医生，所以最好的策略就是了解这种人的本质和危害，并与其保持距离。如果他们不能直接给你带来身体、情感、经济上的伤害，就会伤害你关心的人或连累你的群体。他们有能力，也必将毁坏、压榨别人的身体、精神和意志。他们会洗劫你的全部财产或摧毁你的人生，毫不关心你的幸福安危。

你也许会认为自己对这些人负有责任和义务，因为你跟他们结了婚、你是他们的家人，或他们是你的雇主。记住，不论你跟他们是什么关系，你的忠心并不能使你免受伤害、折磨或经济上的剥削。这就是掠夺型人格的本性。如果大家想了解更多如何与危险人格打交道的策略，请看本书第六章《面对危险人格该如何自护》。

在本章最后，我想用一句"名言警句"作为结尾，这句话是一个最熟悉掠夺型人格本性的人说的：

"连环杀手可能是你的儿子，也可能是你的丈夫；这种人无处不在。所以，明天会有更多的孩子被杀。”——西奥多•泰德·邦迪（美国历史上臭名昭著的连环杀人案凶手，共杀害了35个人）。

—— 本章译注 ——

1　原文为John Wayne Gacy，美国连环杀手和强奸犯，由于在筹款活动、游行和儿童政党等慈善活动中扮演小丑而获外号“杀人小丑”。他在1972年至1978年之间，对至少33名年龄在14—21岁的男孩及年轻男性进行了性侵犯和谋杀，1994年5月10日被处决。

2　原文为Jeffrey Lionel Dahmer，美国连环杀手，1978—1991年共杀死17名男孩及年轻男子，其作案手法极其残忍，先杀害，后奸尸，再吃掉。1991年被捕，1992年被判终身监禁，1994年被狱友杀死。

3　原文为Jesse James（1847—1882），美国著名银行劫匪、火车劫匪。

4　原文为Butch Cassidy（1866—1908），原名Robert LeRoy Parker，美国旧西部时代著名的火车劫匪、银行劫匪，布屈•卡西迪帮的头目。据说死于1908年的枪战之中。

5　原文为Jack the Ripper，是于1888年8月7日到11月9日期间，在伦敦东区（East End of London）白教堂一带以残忍手法连续杀害至少5名妓女的凶手的化名。犯案期间多次寄信到相关单位挑衅，却始终未落入法网。其大胆的犯案手法经过媒体一再渲染，引起当时英国社会的恐慌。至今他依然是欧美最恶名昭彰的连环杀手之一。

6　原文为John Dillinger，即约翰•赫伯特•迪林杰（John Herbert Dillinger，1903—1934），是20世纪30年代大萧条时期活跃于美国中西部的银行抢匪和美国黑帮成员。被指控与数名警官的死亡有关，除此之外还计划过针对至少24家银行和四家警察局的抢劫，并曾两度越狱。被当时美国调查局（FBI的前身）冠以“头号公敌”的称号，1934年7月22日被警察击毙。其震惊世人的犯罪行为在他死后仍被人提及，他的越狱和抢劫事迹已经成为都会传奇之一。

7　原文为Al Capone，即艾尔方斯•加百列•卡彭（Alphonse Gabriel Capone，

们不是在一个研究室里生活，可以安全地做试验、轻松地讨论和验证观点。我们生活在残酷的现实之中：家暴肆虐、孩子或是失踪或被强奸或被杀害、个人安危悬于一线，时间不等人，我们得在只掌握了极少信息的情况下立刻做出决定。总而言之，我们要做到的是“精确”，而非“全面”。如果你非要等到全面掌握了某个危险人格的情况才采取行动，那就太晚了。在本章后面的内容里我会提到苏珊·鲍威尔的事，她就是属于这种情况。

就像阿曼达必须应对眼前的虐待和——用她自己的话说——“疯狂境地”一样，我们也要直面自己的现实。阿曼达的目标是“保命”，而不是去对丈夫的危险行为进行评估、测量、试验。她最关心的不是“我丈夫是80%的这种人格外加20%的那种人格吗”，这种问题还是留给那些狂热的研究人员去分析吧。她所关心的问题，也是我们大家首先要关心的问题是：“我是不是有危险？”这就是我写作本书的根本出发点，也是制作“危险人格清单”的根本目的。

大家在对某个人进行危险人格评估的时候，一定要记住：这些人格特征的程度是不同的，有轻有重，有起有伏，或者令人厌烦，或者难以忍受，或者难以相处，或者毒害很大，甚至非常危险。并且，其形式和程度也会因环境、压力、机会、情绪的不同而变化。用一个比较贴切的比喻去理解的话，大家可以想象一下收音机的音量：稍稍拧开一点儿音量，里面传出的音乐声音几乎听不到；轻轻调大一点儿音量，音乐声就变得较为清晰了；再调大一点，就有点吵人了；再调大，你会觉得刺耳、无法忍受。声音调到最大时，你的听觉就会受损——这就是真正的危险。这也是判断危险人格的好办法：现在是什么程度，很低，只有些许迹象；中等，令人反感恼火；还是很高，危及我们的健康、幸福和安全？

但是要想“听”到声音，你得首先“打开收音机”才行。危险的迹象不是一下子就能捕获得到的，大多数具有毒害性或危险性的人，其行为都十分隐蔽，不易察觉，并且，他们几乎不跟执法人员打交道，跟心理医生接触的机会更是近乎于无。大多数情况下，其朋友和家人对危险人格并没有防范意识，不知道该留意什么样的迹象，或被其偏爱所蒙蔽。比如说，蒂莫西·麦克维的一个朋友就曾这样说过：“如果你不把他跟‘俄克拉何马城爆炸案’联系起来的话，蒂莫西完全就是一副好人的样子。”这句话就能说明一切了。有些人拒绝相信自己的眼睛，或者，其双眼已被偏爱所蒙蔽。危险人格就是在这种条件下蓬勃发展的。最后我要说的是，关于危险人格还有两个残酷的真相：一是我们只会看到自己愿意看的东西，而对不愿看的视而不见；二是大多数人都戴着面具伪装真实的自己。

在 FBI 的国家安全事务部门负责罪犯侧写和行为分析工作时，我就意识到，人格类型是很难研究分析的，如果针对的是两个及两个以上的综合型人格，那就更难了。“危险人格清单”

的用处正在于此，它能帮助大家将某人的人格特征分类比照，这样就能对其有个清晰的了解。

需要留意的几种综合型危险人格

也许，要了解那些同时具备两种以上类型的危险人格的主要特点最好的方法就是在历史、新闻中看看现成的例子，因为在这两个地方，到处都是这种人的恶行恶果。

“有敌人，但我有解决办法。”——妄想型人格+自恋型人格

咱们就从20世纪的事说起，因为当时新闻媒体蓬勃发展，给我们提供了大量的历史素材可供借鉴。阿道夫·希特勒就是自恋型人格和妄想型人格的合成体，死在他手上的人有500万至700万。

咱们再把时间拉近一些。20世纪90年代，塞尔维亚共和国前总统、前南联盟总统斯洛博丹·米洛舍维奇[2]，他对国外的少数民族，尤其是穆斯林和克罗地亚人为什么怀有恐惧心理？还有同样被称作“波斯尼亚屠夫”的拉特科·姆拉迪奇[3]，他被前南斯拉夫国际刑事法院指控于1995年屠杀了7500名波斯尼亚穆族男子（包括男孩）。这些人的共同特点是：具备自恋型人格（自负而暴力地解决问题）和妄想型人格（眼里到处都是敌人）的双重特征，因此他们的危险性极大。雪上加霜的

是，他们还手握一个国家的军队和安保力量，由此就形成了一个最具破坏性的“产物”：拥有无限权力的危险人格。

咱们再看看制造了“奥斯陆爆炸枪击事件”的安德斯·贝林·布雷维克。2011 年 7 月 22 日，他炸掉了挪威奥斯陆的一栋政府办公大楼，导致 8 人死亡；后又到于特岛上朝人群开枪射击，杀死 69 名青少年。据法庭调查，他也是自恋型人格和妄想型人格的综合体。他认为自己是唯一能从外国人和穆斯林（妄想型人格）手中拯救国家的人（自恋型人格），所以他通过杀戮无辜来表示抗议。布雷维克的事例表明，即使手中没有军权，只要兼具自恋和妄想两种危险人格，并能弄到简易制作的爆炸物或高性能的武器，一样会造成严重的后果。

不幸的是，我们早就见过这种人格类型，对其并不陌生——他们就是那些生活中不为人知的“小角色”，却总要“名垂青史”。自视过高再加上无端的妄想，就会走向极端；而当没有人愿意听从他们，或遭遇拒绝之后，他们就会设法让人明白他们的观点或目的，就像布雷维克所做的那样。

他们往往选择通过最快、最便捷的方式——暴力，摇身一变成为“大人物”，甚至是国际舞台上的“名人”。在“奥斯陆爆炸枪击事件”很久之前，一个顽固、死板、执拗的自恋兼妄想型人格就曾制造出这种轰动事件。他首先是在 1964 年 4 月试图暗杀埃德温·沃克将军，当时埃德温将军正在家中读书，只受了轻伤。这次的暗杀失败了，他又开始酝酿下一次行动；

而这一次，就像他常跟妻子说的那样，一定会让他“名垂青史”。他的下一个目标将于1963年11月22日坐着敞篷豪华轿车从他工作的地方经过。这个人就是：美国总统约翰·F. 肯尼迪。他就是李·哈维·奥斯瓦尔德，一个身兼妄想型人格和自恋型人格特征的人[4]。

对我们而言，尤其要警惕自恋兼妄想型人格自我封闭时的危险性。我们曾无数次见到过，当这种人把自己封闭起来不与外界交流的时候，他们偏执的想法就再也不受外界的抑制。在这种状态下，他们可以全身心地关注于某个问题或某种感知到的伤害，并将其放在愤怒、仇恨和恐惧中慢慢发酵。不幸的是，一旦他们将其付诸行动，采取的都是同一种形式：用暴力侵害那些他们贬低或害怕的人或物。

比如说，在蒂莫西·麦克维因心理测试不过关而被“绿色贝雷帽”拒绝并从军队退伍之后，他就决定把自己隔离起来——在亚利桑那州过着与世隔绝的生活，同时培养自己对联邦政府的仇恨。就在这种封闭状态下，他策划了“俄克拉何马城爆炸案”，炸毁了位于下城区的艾尔弗雷德·P. 默拉联邦大楼。在此事发生前几十年，也有一个人，他跟麦克维一样是个自恋兼妄想型综合人格，他就是“大学航空炸弹怪客”希尔多·约翰·“泰德”·卡辛斯基。他隐居在蒙大拿州偏远地区的一个小屋里，酝酿着对科技的仇恨；也正是从那里，他共寄出16个炸弹，炸死了3个人，伤23个。

“在我为所欲为的时候，你们要好好看着。”——妄想型人格+掠夺型人格

2003年，应美国国务院要求，我去帮助哥伦比亚政府成立其首个犯罪侧写部门。我很荣幸能够参与到其中。时至今日，“哥伦比亚特殊犯罪部门”一直在该国的棘手案件处理中起着重要作用。记得当时我协助分析的首个案子就是路易斯·奥尔夫雷多·加拉维托-库维略斯，亦即“哥伦比亚屠夫”[5]。大多数美国人都没听说过这个人，但他是南半球人命案最多的连环杀手，在7年时间里共杀害了240多名儿童（实际发现的尸体只有140具，其他尸体他记不起来埋在什么地方了）。

在我们坐下来开始分析这个案子的时候，加拉维托-库维略斯一张照片上的样子吸引了我的注意力。当时与我合作的是哥伦比亚政府的路易斯·阿方索·弗雷罗-帕拉，他是一位很有才华的警官，也是一名心理学家，现在已是哥伦比亚犯罪侧写部门的领导人。他注意到了我对这幅照片的关注，于是问我缘故。我反问道：“你注意到他脸上那种自恋的快乐表情了吗？他刚刚被捕，却很享受被媒体关注的时刻。”

“太对了，”弗雷罗-帕拉说道，“在我们把他带到监狱去的路上，他还问，‘我的发型怎么样？’”有时候掠夺型人格具有鲜明的自恋型人格成分。这只是其中之一。

事实上，我们常常能见到有人兼具掠夺型人格和自恋型人格的双重特征。伯纳德·麦道夫就是其中之一，他策划实施了美国历史上最大的“庞氏骗局”，其利用家人和朋友为自己谋利的行为很符合自恋型人格的特点，他的所作所为无异于在说：“我可以用任何手段做任何事情，不受任何约束。”与此同时，他还符合掠夺型人格的特点，其行为表达出来的意思是：“只要时机允许，就把能利用到的人全都利用掉，没有任何愧疚。”其计划的宏大浮夸、其行为的大胆厚颜、其伤害他人的冷漠主动都显现出此种多重危险人格的特征。

很多专家都认为，攻击型的自恋人格是社会“掠夺者”的核心所在，换句话说，为了能够残忍地捕食别人，你就得始终抬高自己、贬低别人。很有道理。要变成泰德·邦迪那种人，你得相信自己拥有无上的权力，还要有能够毫无良心地贬低他人的能力。所以，在你见到一个掠夺型人格身上具有明显自恋型人格特征时，你要明白，这个人相当危险。这个问题我们将在本书第六章《面对危险人格该如何自护》中详细阐述。

跟泰德·邦迪一样，查尔斯·曼森也符合自恋型与掠夺型双重危险人格特征。在很小的时候，曼森就开始犯罪了，他盗窃、强奸、诈骗，以操纵他人为乐。他将自己视作音乐天才（其实不是）、教派领袖；但事实上，他真正的天赋是像神一样摆布他人（自恋型人格）、利用别人、让别人去为他犯罪（掠夺型人格）。他是谋杀莎伦·泰特和露丝玛丽·拉比安卡以及她们的同伴的幕后主使，却指使教众替他动手。40 年过去了，他还被关在牢里，这也证明了他究竟有多么危险。如果大家还想深入了解一下自恋的掠夺型人格会造成什么样的危害，可以去读读文森特·巴戈里奥希所写的《杀人魔曼森》或杰夫·基恩所写的《曼森》这两本书。

三种及以上的综合型危险人格

下面再谈一谈兼具至少三种危险人格特点的人。在分析圭亚那“琼斯镇”邪教领袖吉姆·琼斯的行为时，我首先肯定的是他具有自恋型人格的特征，他对仰慕的渴望很明显是自恋型人格的特点。但他同时具有妄想型人格和掠夺型人格的特征。他希望与世隔绝以及对外界的恐惧心理都符合妄想型人格的特点；而他不可一世的自恋心理也使他觉得自己的敌人无处不在、越来越多。他攫取教众的财物、对忤逆的教众残忍施罚，这都符合掠夺型人格的特点。最终，他对教众的虐待以逼后者服下毒药自尽结束，导致900多人丧命。这就是他，一个身兼自恋型人格、妄想型人格和掠夺型人格三种危险人格的可怕之处。

不幸的是，多重综合型危险人格并不少见，在某些仇恨组织和邪教组织里尤其如此。“大卫教派”的大卫·考雷什就跟吉姆·琼斯有很多相似之处：自恋、妄想，还带有掠夺型人格的特点。倡导一夫多妻制的“摩门教末世圣徒教会”首脑沃伦·斯蒂德·杰夫斯也是这种人。他的教会几乎等同于帝王的后宫，在那里他放纵地性侵未成年少女（女孩们蒙昧的母亲们竟然还协助他作恶）。他认为上帝给了他这么做的权利，并且认为俗世的法律对他无效，这一点很符合自恋型人格的特征；而他又对自己卑鄙的恶行毫无愧疚，这又符合掠夺型人格的特征；还有，他回避外人和那些对抗、不赞同他的人，这一点又符合妄想型人格的特征。在他身上，同时具有三种危险人格：自恋型人格、掠夺型人格、妄想型人格，因此他自私自利、控制欲强、虐待成性、非常可怕。

说到同时具备这三个危险人格的人，就一定不能遗漏“基地组织”的创始人奥萨马·本·拉登。正是在其极度自恋、妄想和掠夺三重人格驱使下，他才策划了“9·11”恐怖袭击事件。一个人能在这么短的时间里（当然，跟很多掠夺型危险人格一样，他一意孤行地策划了“9·11”袭击很多年）对全世界的经济、社会、政治产生如此大的影响，实在是不可思议。自恋心理达到这种层次的恐怖分子不会频繁地实施恐怖行动，但一旦出手，后果定将不堪设想，因为他们觉得只有这种“动静”才配得上自己。如果他们富有魅力又诡计多端，就能制定出周密的计划，并招募其他危险人格、人尽其才地加以利用，比如凶恶的掠夺型人格，他们从杀戮中获得刺激；心怀恐惧和仇恨的妄想型人格，他们是很好的人体炸弹……

“大满贯”：兼具四种危险人格

大千世界，遇上一个兼具四种危险人格核心特征（四种人格特征程度各有不同）的人也不是不可能的事。大家也能想象得到，这种人一定是心理极不稳定、破坏性极大的。外界压力或其他因素都可能令其走向任何一个危险人格的极端。在二战中大势已去、自己的生命将尽的时候，希特勒的表现就同时显现出了掠夺型人格、自恋型人格、妄想型人格和情绪极度不稳定型人格的特征。

大家可能觉得这种人是很罕见的，但事实恰恰相反，有很多人兼具四种危险人格的特征。他们有时候会在某个街区、某间办公室、附近的某个城镇作恶，但我们未曾听说；或者我们事后听说了，也很少有人去对其进行心理分析，总结说“某人这么做的原因是，他们是某种综合型危险人格”。这种事很欠妥当，因为我们总是在惨案过后例行公事一般去调查、验尸，去分析罪犯的犯罪手法和受害者的死因，很少会有心理专家介入其中对案件进行心理学分析，而后者才是能让别人了解现实危险的最佳途径。

如果大家还是觉得不可能有人兼具四种危险人格，可以去看看乌干达独裁者伊迪·阿明[6]的所作所为。在他身上，四种危险人格都非常明显，程度各不相同。他总是这个样子吗？我不知道。我再说一遍，他最后变成什么样子并不重要，数万受其折磨或被其杀害的乌干达人及其幸存的家人关心的并不是这个问题。他们最关心的是，在某一时刻、某件事会触发这个人的临界点，这些危险人格会以行动表现出来，其后果是非常可怕的。

话说回来，这种人并不一定是手握大权、动辄屠杀或伤害成千上万的生命。他们很可能跟你居住在同一个街区，就生活在你的左右。犹他州的苏珊·鲍威尔在日记中详细记录了丈夫约什·鲍威尔的行为。2008年她曾对朋友和同事说过，如果自己死了，那绝不是个意外事故。她感觉到了自己正身处危险之中，但她却迟迟不采取行动，因为她怕丈夫会把孩子们带走。她的观察力很好，但她无法证实、确定自己的观察结果，因此变得犹豫不决。她将希望寄托在了信仰和教堂，她希望宗教能使情况好转。可惜这都是不切实际的幻想，信仰救不了她的命。

2009年12月7日，苏珊·鲍威尔失踪了。警方已经假定——正如她自己曾预见到的——她已经死亡。警方立刻对她的丈夫展开调查，因为在已婚人士所受的伤害中，绝大多数是来自配偶。就在调查紧锣密鼓地展开，并且已经将怀疑锁定在他身上时，约什带着两个儿子搬走了，与其父亲住在一起。2011年9月22日，约什·鲍威尔的父亲因窥阴癖和制作、持有儿童色情影像被捕，苏珊的父亲申请将两个外孙的监护权判给他。2012年2月15日，社会工作者将两个孩子带到约什家里进行监管访问，约什随后将社工挡在门外，用斧子砍死了两个孩子，随后放火烧了房子自焚而亡。

据人们的描述，据苏珊·鲍威尔日记的内容来看，约什身上具有妄想型人格、情绪不稳定型人格、掠夺型人格和自恋型人格的各种特征。平时在生活中，没有丈夫的允许，苏珊什么都不能做；他则随心所欲爱干什么就干什么；他随时可能朝苏珊发火，对自己的残忍毫不在意；他还密切监视苏珊的行踪，质问她曾跟什么人说过话……因为害怕丈夫知道，苏珊只能在上班时才能给家人和朋友打电话。

可悲的是，没有人能告诉苏珊她的丈夫是综合型危险人格。据我所知，苏珊对此类人了解极少（甚至根本不了解），也不知道他们会做出什么事。尽管如此，她还是感觉到了自己面对的是一个危险的人，因为她已经预感到自己的生命正处于危险之中，并开始在日记中将其记录下来。

时至今日，苏珊·鲍威尔的下落仍然不明。她很有可能是被丈夫杀死了。苏珊虽然通过丈夫的行为敏锐地察觉到了危险，其预感却未能得到证实，也没有专家或权威人士提醒她“快跑，离开他，找人帮忙，快”，这本书看到这里，你应该不会再重蹈苏珊的覆辙了。

危险人格狼狈为奸

大家是否纳闷过：为什么罪犯在释放之后，被禁止与其他重罪犯接触？因为经验告诉我们，当危险人格的个体聚在一起时，他们对社会（及其自身）的危害立刻水涨船高。下面就列举几个事例，大家看看当危险人格狼狈为奸时会有什么后果：

◎ 19 世纪 60 年代声名狼藉的火车、银行劫匪弗兰克·詹姆斯和杰西·詹姆斯兄弟，以杀戮为乐。

◎跟詹姆斯兄弟一样，19 世纪末到 20 世纪初的罗伯特·勒罗伊·帕克（即布屈·卡西迪）和哈里·阿隆佐·朗鲍弗（即桑德斯·基德）及下属的“布屈·卡西迪帮”也是历史上有名的火车、银行劫匪。

◎邦尼·派克和克莱德·巴罗（即“邦尼克莱德雌雄大盗”）这对银行劫匪、杀人犯，他们可不像电影里描绘得那么好。

◎查尔斯·曼森及其追随者（即“曼森家族”），他们抢劫、杀人，从不手软，也不愧疚。

◎被称作“山坡扼杀”的安吉罗·波诺和肯尼斯·毕昂奇，这对表兄弟在 20 世纪 70 年代于加利福尼亚州强奸、折磨、杀死了多名 12 至 28 岁的女性。

◎ 20 世纪 80 年代，吴志达和伦纳德·雷克在加利福尼亚州自建的房子内残忍地杀害了 11 至 25 人（包括婴儿），有些杀人过程还被他们拍摄下来。

◎ 20 世纪 80 年代开始，在 7 年的时间里，亨利·李·卢卡斯和奥蒂斯·图尔在美国共杀害了 100 多人。图尔供认自己在 1981 年用砍刀杀死了 6 岁大的亚当·沃尔什。亚当的父亲约翰·沃尔什后来成了美国著名电视节目《全美通缉令》的主持人。此案提高了人们对危险人格的危险性的认识，促成了《亚当·沃尔什儿童保护及安全法》的通过，还促成了“国家性侵犯者信息库”的建立，对其他为保护儿童免受掠夺者侵害所做的努力也产生了积极的作用。

◎ 1999 年 4 月 20 日，美国科罗拉多州杰弗逊郡哥伦拜恩高中发生的校园枪击事件，埃里克·哈里斯和迪伦·克莱伯德枪杀了 12 名学生和 1 名教师，造成其他 24 人受伤，两人随即自杀身亡。

◎ 2002 年，约翰·穆罕默德和约翰·李·马尔沃通过藏在汽车后备厢里用狙击步枪射击的方式在华盛顿州、弗吉尼亚州、马里兰州射杀了 13 个人。

这些例子还只是冰山一角。这些危险人格独自行动时已经很危险了，若是他们勾结起来，我们的安全就会变得岌岌可危，因为他们会互相“鼓舞”、互相刺激，给无辜者造成更大的伤害。比如上面所说的穆罕默德和马尔沃，他们彼此鼓动、疯狂杀戮的三个星期里，全世界安保最好的首都之一——华盛顿都为之惊悚，在那 20 多天时间里，他们似乎是无法无天、无法阻挡的。

总结

希望大家在读过本章内容之后，能够掌握“危险人格清单”的使用方法，在遇到——不论是在新闻媒体上得知还是在生活中亲自经历——某种令你不安或导致你及别人痛苦的行为时，能用它去评估这个人。

你的底线：如果某人符合两个及两个以上的危险人格特征，那么这些混合起来的人格特征就会彼此促进、滋生，从而使得这个人更加复杂，更加不稳定，也更加危险。此人在“危险人格清单”中得分越高，其复杂性、不稳定性和危险性就越大。即便他们在四个“危险人格清单”中得分都比较低，但因其综合了多个危险人格的特点，也会惹你恼火，令你愤怒、沮丧、害怕或身心疲惫。总而言之，如果你在乎自己的心理、精神、情感、身体、经济的健康和安全的话，就应该尽力避开这些人，离他们远一点儿。

虽然“清单”不能准确预测危险人格的下一步行动，但它能让大家明白这个人的行为模式。人类太复杂了，要预测其行为是不可能的。但是请大家记住，前事不忘、后事之师，一个人将来的行为，往往能在其以前的行为中找到征兆。并且，因为危险人格在人格和品性上都存在缺陷，所以他们不大可能去提高自己，所以他们的行为轨迹会维持不变或越变越糟，这要依环境条件而言。

如果本书不在手边，而你又要立刻对某个人进行危险人格评估的话，可以自问自答以下五个问题：

1. 此人给我的情绪造成的影响是负面的吗?

2. 此人的行为是否违法、古怪、不道德、蔑视社会准则?

3. 此人的行为是不是在剥削利用别人或控制别人?

4. 此人是否有危险举动?

5. 此人是否言行冲动、自控力差；或者说，此人是否不愿延迟享乐[7]？

以上五个问题，答“是”的越多，就越说明你评估的这个人可能兼具多个危险人格特征。过后你再拿出本书，在“危险人格清单”的帮助下对其具体对照分类，并查看其严重程度如何。

除此之外还有一个方法，大家可以去看看每章里“某某型危险人格的特征词汇”部分，将那些符合此人特征的词汇圈出来。很多人就是用这些词汇证实了自己正在经历与那些受害人相似的情况。

曾经的泰德·邦迪对残杀大学生并不感兴趣，但在某一时刻他越过了这条线，变成了一个连环杀手。有些人也许会问，这到底是怎么回事、为什么会这样；有些人也许会想起过去的某个时期，这个人并不是这样的。这都是值得考虑的问题，但你是生活在现在，而不是过去；所以，你关心的应该是现在这个人是什么样、他对你及亲人是否有危险。这才是我关心的问题，也正是本书的写作目的。

本章译注

1 Belize，拉丁美洲国家。

2 原文为 Slobodan Milošević（1941—2006），1990 年当选为塞尔维亚共和国首任总统，1992 年 12 月获连任。1997 年 7 月在南联盟大选中当选总统，但在 2000 年 9 月的大选中失败。2001 年 4 月 1 日凌晨因涉嫌“滥用职权和合伙犯罪等”被塞尔维亚警方逮捕入狱，同年 6 月 28 日被引渡到南斯拉夫国际刑事法庭。2002 年 2 月 12 日，正式开庭审理，被指控犯有包括战争罪、反人类罪和种族屠杀罪在内的 60 多项罪行，指控中包括 1992 年至 1995 年波黑战争期间，塞族军队对萨拉热窝的包围；1995 年塞军在联合国在斯雷布雷尼察设立的“安全区”内杀害 8000 名穆族平民。但米洛舍维奇一直否认对他的所有指控，并宣称前南斯拉夫国际刑事法庭是非法机构。2006 年 3 月 11 日在荷兰海牙附近的联合国监狱里去世。

3 原文为 Ratko Mladić，波黑内战时期的波黑塞族军队总司令，1942 年出生，1991 年南斯拉夫解体后，他将克宁的塞族民兵改编成一支军队并任司令。1992 年 5 月，他脱离南斯拉夫人民军加入新成立的波斯尼亚塞族军队，晋升为波黑塞尔维亚共和国军队总司令，并在其后数年时间里多次击退穆族和克族武装的进攻，1995 年因指挥了在斯雷布雷尼察对穆族的大规模处决而被前南战犯法庭指控，在逃亡 16 年后于 2011 年 5 月 26 日在塞尔维亚被逮捕。

4 肯尼迪遇刺案发生于 1963 年 11 月 22 日星期五中午 12:30，美国第 35 任总统约翰·菲茨杰拉德·肯尼迪在夫人杰奎琳·肯尼迪、得克萨斯州州长约翰·康纳利陪同下，乘坐敞篷轿车驶过得克萨斯州达拉斯的迪利广场，遭到枪击身亡。负责此案调查工作的沃伦委员会指出，刺杀肯尼迪的凶手是得克萨斯州教科书仓库大楼的雇员李·哈维·奥斯瓦尔德，他从大楼六层上的窗口向乘车从楼下经过的总统开枪将其刺杀。案发两日后，奥斯瓦尔德在警察的严密戒备中当众被人开枪击毙。

5　原文为 Luis Alfredo Garavito-Cubillos，哥伦比亚强奸犯和连环杀手，1957 年出生，其被害人大多为贫穷孩子、农家孩子与流浪儿，年龄介乎 8 到 16 岁。其作案手法是通过小礼物或小量金额的钱骗取孩子信任，再带他们离开。之后就把他们绑起来，折磨并实施强奸，然后割喉杀死被害人，随后把尸体抛弃。1999 年 4 月 22 日被捕，承认自己杀掉了 147 个儿童，后来调查发现被害人数至少为 172 人，共来自 59 个村；另根据他在监狱中绘画的被害人尸骨地图估计，实际被害人数超过 300 人。

6　原文为 Idi Amin（1925—2003），乌干达前总统，军事独裁者。1968 年集国家军权于一身，1971 年发动军事政变推翻原政权，1976 年任终身总统。任职期间驱逐 80000 名亚洲人出境，屠杀和迫害国内的阿乔利族、兰吉族和其他部族达 10 万至 30 万人。1979 年被推翻，逃亡外国，后隐居沙特阿拉伯，2003 年因病去世。

7　延迟享乐又称延迟满足，是一个心理学概念，指的是抵挡住眼前诱惑的能力，是人的自我调节能力的一种，与忍耐力、自控力、冲动控制能力、意志力有关。

DANGEROUS
PERSONALITIES

NO.6 第六章

面对危险人格该如何自护

本性；掠夺型人格当然觉得自己不会有任何问题，他们会一时兴起对你暴力相向，因为你委婉地建议他们去看心理医生；妄想型人格则会将你视作“敌人”，对你的信任骤减。正因如此，我才会说，建议正常人去看心理医生或咨询顾问是很正确、很好的事，但面对危险人格时，提出这种建议会非常危险。

如果你决定去跟这种人摊牌，建议他们去咨询专家（心理医生、家庭问题顾问等）的话，一定要保持谨慎，避免任何可能会冒犯、触怒他们的言语或表情、手势，并且早有心理准备，因为他们的反应可能会很激烈。我认为，只有你在确保自己可以很安全地去劝说对方的前提下，这种方法才值得一试。此外，你的处境只有自己最清楚，所以，不要盲目听从局外人的指手画脚，因为他们站着说话不腰疼，触了逆鳞的是你，此后生活在水深火热中的也是你。

擅长处理人格障碍和犯罪行为的专家有很多，大家可以向其求助。一定要记住：“修复一个人”既是科学，又是艺术；即便是专家出手，也有“修复”不了的人。在前文中我曾说过，危险人格既不懂得反省，又不会改过自新，“修复”他们是一场艰苦的战斗，不是你我能够应付的，应该让专业人士——心理健康专家出马。即便如此，也不能保证奏效；因为这些危险人格对心理治疗是“免疫”的，并且拒绝改变。

有的危险人格已经越过了“令人烦恼、毒害较大”的界限，变得“恶毒、不稳定、有犯罪倾向”，在面对这种人时尤其要小心警惕。像泰德·邦迪、亨利·李·卢卡斯、约翰·维恩·盖西、杰里·桑达斯基这种人是不可能老老实实到心理诊所排队看病的，因为即使他们杀人强奸，也认为自己的心理没有任何问题。让这种人去看心理医生是非常困难的，一旦他们进入了犯罪状态，或失去了理智、情绪不稳，这时你就该立刻抽身而出，远离他们。这样说听起来好像是耸人听闻，但以我半辈子的经验而言，这是我能给你的最佳建议了。

日常生活中能做的事

多年以来，我曾跟很多专家交流过，进而总结了一些日常生活中如何自我保护的做法。以下内容尚不够全面，大家可以再找其他深度讲解如何应对危险人格的书去学习一下。尽管如此，我真心希望大家能在下面的阅读中找到有用的知识，因为这些方法曾经帮助很多人保住了安全。

积累知识

法国化学家、微生物学家路易·巴斯德不仅发明了“巴氏消毒法”[2]，他还说过这样一句至理名言：“机会偏爱有准备的人。”这句话太对了。到现在为止，大家已经快把本书读完了，也对四种危险人格及“危险人格清单”有所了解，因为大家已经熟悉了危险人格的特征，所以在面对危险人格时就有了心理准备，从而能够更好地保证自己的安全。

“危险人格清单”不仅能够帮助大家对心存疑虑的人进行评估，还有教育意义。它能时刻提醒大家危险人格怎样控制别人；他们用情感挟持别人；不顾他人意愿潜入他人的生活；在身体和心理上对人施加虐待；说谎、欺骗、偷窃，或从事危险行为，造成可怕后果；将别人置于危险之中；或真正伤害到别人的安危。即使大家不再全面重读此书，至少也要时常看看“清单”中的危险人格特征描述，时刻提醒自己：尽量远离这种人。

只看是不够的，要留心观察

小时候，我常常去迈阿密的海滩玩耍。那里总是有很多来自欧洲的游客，他们会放任幼儿光着身子在海边戏水，这是他们的传统。那时，我常常看到一个男人在附近徘徊，他身穿便装，拿着相机拍来拍去。看到他挎着一个大包，包里装满了相机镜头和胶卷，我就认为他是个职业摄影师了。他好像特别喜欢拍那些国外的游客，尤其是拍小孩们戏水或堆沙堡的样子。当时我并未多想，我更感兴趣的是他的照相机，因为我家里买不起。

在 11 岁的我的眼里，他就是一个摄影师，却不知道他是一个恋童癖。我看不到这一点，因为没有人教我该如何观察，也没有人指点我说：这就是性捕食者或儿童色情产品制作者。直到很多年之后，我在警察学院学习性犯罪知识时，才真正明白当时我看到的是个什么人。但在当时我看不出来，因为我一点儿相关知识和心理准备都没有。

在一些可怕的犯罪行为发生之后，记者们在采访疑犯的邻居时会问他们："某某是个什么样的人？"可我们听到的总是"这个人挺不错的啊"或者与此类似的回答。我记得在 40 年前，连环杀手、强奸犯约翰·维恩·盖西事发，警方在其伊利诺伊州的房子后院里挖出 26 具尸体，而其邻居在接受记者采访时回答的也是"他是个好人"。这么多年过去了，依然如故。人们只知道看，却不懂得观察。其实，现在还不如以前，不信的话，大家可以到公共场合去看看——人们都在低头盯着智能手机的屏幕，有时候甚至会撞到别人身上；他们的耳朵也被耳机、耳塞所占据，对外界的声音几乎没有察觉。要是你正全神贯注地玩手机、打电话、听音乐，你是看不到、听不到有人钻进你的汽车的。但现在大家就是习惯了这么做，而那些游荡的"捕食者"也知道这一点。

把本书及"危险人格清单"当成你的培训书，练习一下自己的观察能力吧。通过敏锐的观察，你就能保证自己和亲人免受侵扰。正如 19 世纪著名犯罪学家、生物统计学家阿方斯·贝迪隆所说的那样："人只能注意到头脑中已经存在的事物，并且只能看到刚刚注意到的事物。"

相信自己的感觉：这个人给你什么样的感觉

在本书第四章《掠夺型人格》中我曾提到，早些年在逮捕一个掠夺型人格时，我的身体打了个寒战，使得子弹在弹夹里轻磕出了声音。人都有一个内部预警系统，在危险来临时它给我们发出警示，所以，一定要相信自己的感觉（甚至专业人士都会常常忽略它）。用你的感觉来对某人或某种情况进行评估：胃部抽搐、汗毛耸立、起鸡皮疙瘩、皮肤发红、恶心、焦虑，或隐隐觉得不安……我们要谢谢这些感觉，因为它们正是大脑发送给身体的警示信号：小心，这个人可能是危险人格。我们要感谢这种“恐惧天赋”。

分清“友善”和“善良”

连环杀手泰德·邦迪帮购物回来的年轻女子提东西；连环杀手、强奸犯约翰·维恩·盖西在筹款活动、游行和儿童活动中扮演小丑；恋童癖杰里·桑达斯基教问题青少年体育运动……他们都很友善（这种人极擅长表现出和善的样子），但在背地里，他们却抛去伪装，露出魔鬼本色。

现在很大的一个社会问题就是，我们都倾向于“以德报怨”。正如我在前面几章提到的，危险人格也许很“友善”，但他们一点儿都不“善良”。

小时候，母亲曾对我说过一个西班牙哲理 Ventajeros no son buenos，意思是：为了得到好处才做好事的人不是真正的好人。几年之后，我又读到了加文·德·贝克尔与之意思相近的一句名言：“友善不一定是善良。”我们要明白二者的区别，并将这个道理教给孩子。

友善不是永恒的品质，也可能会因为私欲而表现出来；而善良发自人的内心，是人的本性。善良使我们总在考虑别人的需求，就像父母对孩子的爱那样。本性善良的人也有不顺心、发脾气的时候，但他们有底线，他们的思维、语言、行为都不会越界。友善只是一种表面态度，是个人都能做出来；而善良是人的内在品质，我们能够通过一个人的行为找到其背后的善良动机。请大家把这个道理教给你的孩子。

控制空间和距离

保持距离，把距离当成护城河来保护你及亲人的安全。墙、篱笆、大门、小门、车窗，在电脑上设置家长权限、保护孩子上网安全，这都能保护你及亲人的安危。有时候我们需要主动去制造这种空间和距离——在 ATM 提款机前，你喜欢有人离你太近吗？在去停车场取车时，你喜欢有人尾随着你吗？哪怕是亲密的朋友，想必你也不习惯与其脸对脸胸贴胸地争吵。空间和距离，就像篱笆墙一样，能够保证你的安全。记住，掠夺型人格总想控制你的空间、身体、思想、金钱、情感，而空间和距离是抵挡他们的最佳武器。

控制时间——放缓

危险人格往往会用时间当借口来突破你的防线。他们会编造各种紧急情况或匆忙地将你扯进他们的骗局——结婚、雇佣、签合同、签支票、让他们进屋、接受他们的信仰等。你需要放缓，制造时间缓冲，这样才能在没有压力的前提下将情况考虑周全。这里有一个窍门：如果别人用时间来给你施加压力，或者你感觉到被此人催促，那么情况往往不对劲。因为如果这个人对这件事真的很在乎的话，是不会这么仓促的。

危险人格还会利用时间来消磨你——死缠烂打、争吵不休，甚至不断升级威胁等。如果你感觉到某人试图用时间来拖垮你，就得立刻远离他们，或立刻终止其行为。这时候，如果有需要，你可以找一些信得过的人团结在你周围给你帮助。（参看本章的“寻找盟友”部分）

割断情感羁绊

如果某人正在（或试图）用情感来拴住你，这也是不对劲的地方。真正关心你的人不会这样做。危险人格是社会上的木偶大师，他们知道怎么说、怎么做才能抓住你的情感。他们也许会假装要离开；或威胁要自杀；或者告诉你说如果你不怎样怎样的话他们就全完了；或者像个小孩子一样赌气、哭、抱怨，以此胁迫你做出让步。这时你一定要冷静，提醒自己：如果你觉得在情感上被人胁迫，那么说明有人在蓄意拉动手里的情感丝线。这个人想控制你。如果你不想在别人的控制下生活的话，就要当机立断，斩断那些丝线，远离这个试图把你当做木偶的人。你要明白他们行为的本质是什么，跟他们划清界限，远离那些不尊重你、用情感操控你的人。

对程度和频率进行评估

在面对危险人格时，我们能通过所观察到的危险行为及其出现的频率来判断他们的危险程度如何，还能明白他们究竟有多么危险，以及判断他们是否属于综合型危险人格。也就是说，如果在很长一段时间里，他们只表现出一两个危险人格特征的话，其实是不要紧的；毕竟，如我在前文中所说的那样，每个人都会有不顺心的时候。但是，如果其危险行为总是不断出现，如果其危险程度不断升级，如果你已经在情感或身体上受到了伤害，那么就要当心了。记住，在危险人格眼里，你的“纵容”和“默许”恰恰是你的弱点，或者他们将其视作绿灯信号，继续施虐。

时间和地点不容小视

我曾经在佛罗里达州坦帕市参与调查一个案子，一名年轻女子在距离主干道四米远的灌木丛里被强奸、勒死了。通过调查我们发现：在她失踪的当晚，她家里的烟吸完了（我们发现她寓所里的香烟盒都是空的），于是她步行到两个街区外的24小时便利店去买烟，离开商店时是晚上11:10——

商店里的监控摄像机记录下她买烟并离开的过程。在回家的路上，她遇到了袭击（手臂上有伤），然后被人强奸（身上和体外都有精液），最后被杀（脖子上有绳子）。据商店里的店员说，她经常到店里来买东西，唯一与以前不同的是买东西的时间。通常她都是在下午 5:30 下班之后过来，那时天还没有黑下来，附近的行人和车辆都很多。就是这一点时间上的改变，让她从一个下班后购物的勤劳上班族变成了谋杀案的受害者。

仅仅是时间或地点的改变，就能让你从一个安然无恙的人变成一个高风险的受害者。从下午四点到凌晨两点，人际间的暴力呈上升趋势；如果施暴者喝醉了或吸毒了，暴力程度也随之暴涨。自从 20 世纪 60 年代我们就知道这个规律了，但人们就是不长记性。

这么说不是让你下午四点之后就闭门不出，而是提醒你要格外小心。同样的行为，发生在上午 11 点和晚上 11 点，其结果是截然不同的。

避免吸引危险人格的注意力

“捕食者”常常通过观察人们走路的样子来选择猎物。所以，在外出走动时，注意经常观察四周，四处留心，直视别人，让对方知道你看见他们了，甚至表现出你能看透他们似的。行走时目的明确，步伐坚定，摆臂有力，不要表现得畏畏缩缩、犹疑不决——“捕食者”最喜欢这种猎物了。另外，迎着车流往前走，不要背对车流。在去取车的路上，不要打电话，始终保持有一只手是空的。如果你是独自一人，不要走偏僻的小巷，也不要离公路太近，在农村地区或植物茂盛的地方，留意那些可以藏人的地方。

调查

“尽职调查”是一个商业术语，指的是审查某人说的话是否属实、此人是否可信，或存在其他问题。叫“尽职审查”也好，叫“调查验证”、看看此人“是否可靠”也行，我们在生活中也要这么做。很多人会随便把人带回家、让一个陌生人照看孩子，或未经任何调查就让人管理自己的财务，这种事简直不可思议。还有的人，结婚之后才发现配偶还没离婚，或配偶是个通缉犯，或如本书第一章里提到的克拉克·洛克菲勒一样是个大骗子。

大家应该把更多的时间用在调查交往对象或结婚对象这件事上，而不是趴在购物网站上研究厨房电器。你核查过他们的个人信息吗？（姓名、籍贯、上学经历等）你见过他们的家人吗？你去过他们上班的地方吗？他们是否有过婚史？看起来这是个很繁重的任务，但大家也听说过很多因为轻信别人而被利用和侵犯的事了。所以，如果你不去仔细调查一下、真正摸清他们的底细，那就是在拿自己的安全冒险。

不要拖延

要当机立断采取行动，不要拖延。如果你觉得情况不对劲了，即使是刚有个苗头，也要立刻采取行动。在前文中我曾说过到加勒比海阿鲁巴岛度假的娜塔莉·赫罗薇的事例。也许，娜塔莉·赫罗薇到深夜才感觉有点不对劲，但已经太晚了——她的朋友们早已离开，她身处异国他乡，身边全是刚刚认识的陌生男子……她失踪了。还有前文说过的朱迪·阿里亚斯杀人案，她的前男友特拉维斯·亚历山大在跟她相处的早期就觉察到了问题，却迟迟未能采取行动。

应对危险人格

很显然，应对危险人格的最好方法就是尽量远离他们。但有时候我们做不到。我们可能因为这样那样的原因不得不与其相处，如旅行、婚姻、共事，甚至有亲戚关系。不管是何种原因，如果你确定自己面对的是一个危险人格，首先要做的就是保证自己的安全。希望下列策略能够帮到你。

看清形势

利用“危险人格清单”来分析一下这个人。如果仓促之间来不及或不方便的话，就凭借记忆来判断一下此人在“清单”中符合哪些特征。这么做能帮你了解到眼前形势的恶劣程度、有助于思考下一步的措施。在前面我曾说过，若是感觉到了危险，就不要拖延。要是在走廊里看到有人拿着枪，你哪里还需要用“清单”去对其进行评估啊，赶紧撒腿跑就是了。有时候，情况是如此明显，比如说——某个能说会道的骗子拿到了你外婆的银行账户信息，你也不必再用“清单”去分析了。

复杂的形势

也许你已经知道自己的丈夫是个谎话连篇的骗子，还虐待成性，但家庭问题和经济问题往往是非常复杂棘手的。是的，他是危险人格，在“危险人格清单”中符合两种危险人格特征，并且得分都非常高，但你却发现，由于各种原因，你“脱不了身”。再比如说，在工作中你遇到了危险人格，但是你或许很需要挣钱，或许那个危险的上司是你的亲戚，或许你得攒够了钱才能离开否则就得流落街头……这种事我听过很多，我也理解。但是大家要面对现实，这样才能正确地应对这些复杂的形势。

坦白来讲，情况越是复杂，你就越需要帮助。并且，情况越复杂，你抽身而出要用的时间就越长。但是，如果事态还在恶化，尤其是威胁和侵犯的等级在上升的话，你就别无选择了。任何一个战斗机飞行员在飞机失事时都想把飞机救下来，但在某个时刻他们已经无能为力了，就只能选择弹射逃生。我们在生活中也是如此。

如果是在工作中遇到这种事，你最好看看能否调到别的部门或者调换一下工作时间来避开这个危险人格。跟人力资源部门或管理层谈一谈，在同事中寻找盟友，但最后还是辞职为妙。顺便说一下，这种事就是很多在苹果公司为史蒂夫·乔布斯工作的员工的经历。读一读沃尔特·艾萨克森写的传记《史蒂夫·乔布斯》，大家就能明白，一方面乔布斯是个理想主义者，另一方面他反复无常、对下属脾气很差，几十年来一直如此。他的员工有的情感受挫，有的则身体患病。甚至他的合伙人斯蒂夫·沃兹尼亚克最后都辞了职，他已经再也受不了乔布斯了。也许这也是你的最终选择，因为，正像很多苹果公司员工发现的那样——挣到百万财富也换不来自己的身心健康。

与辞职相比，要结束一段婚姻就难多了，因为这里面牵扯到孩子和财产问题。还有一个例子，如果你只有十几岁，你的父母毒害很大、吸毒，或明显符合多个危险人格特征，所以你想废除他们的监护权……像这种情况，想要脱身是很复杂的一件事，但总是有办法的。

如果你面临的情况非常复杂，那么就真的需要寻求帮助了。书本知识已经帮不了你了，你需要专业人士的介入，让他们给你指导和帮助，如果事态已经十分严峻，你甚至可以请求社会服务或警察介入。

不管是何种情况，首先要用“危险人格清单”对形势进行分析和确认。然后再去找专业人士帮忙，请他们介入。不要犹豫，拿着这本书去找心理医生或警察，对他们说："请您看一下这些"危险人格清单"，我的伴侣 / 丈夫 / 妻子 / 父母 / 朋友 / 孩子符合这些特征。"你只要手握真凭实据，他们是不会贸然忽视你的要求的。

说到真凭实据，请看下一节的内容。

把此人的言行记录下来

当初我在波多黎各执行公务时，上司是个对下属言辞极其恶劣的人。他对我、对其他同事或者厉声训斥，或者大喊大叫。在经历过几次之后，我就吸取了经验教训。此后，只要他来我办公室里或把我叫到他办公室去，我都拿着记事本。他一开口发火，我就开始记。很快，他就收敛了，因为他知道我把他说的话及说话的方式都记下来了。我发现，对某些人来说，只要他们发现你在记录他们的言行，其行为方式立刻会发生改变，或立刻收敛很多。

有些人不仅仅是言语恶劣，他们脾气暴躁或者有暴力倾向。若是如此，我的建议还是——记录。把他们的行为按日期和时间进行记录，尤其是那些重复发生的行为。不论是在家里还是在工作中，这么做都是在帮你自己的忙，也许在将来会救你的命。有时候，一封记录了事情原委、写给自己的电子邮件都能成为有力的证据。

如果有人辱骂了你、迎面摔门、扇你耳光、打你、把你的车胎放气、跟踪你、给你打骚扰电话……找个地方把这些事统统记下来（日期、时间、地点、经过）。我常常会想起妮克尔·布朗·辛普森的案子，如果她有个私人记事本，上面记录了其前夫 O. J. 辛普森对她所做的一切：骚扰，辱骂，闯入寓所，追着打她，把她摔到墙上，殴打……如果她能拿着这样一个写满了证据的记事本去找警察或检察官，说："你们能做些什么吗？"我想她的遭遇一定不会是现在这样。不要认为警察或执法部门的证据能代表一切，这远远不够，我们自己也有责任积累证据。

我曾跟很多获救的妇女交谈过，她们之所以能成功脱身，正是因为她们有一本记载了丈夫虐待、欺骗恶行的记事本。请大家记住：不论是在什么法庭、什么正式诉讼中，白纸黑字的证据远胜过人的记忆。对方的辩护律师最怕见到的就是当事人的配偶、雇工、生意伙伴点滴记录的各种细节，无须再辩，结案。

寻找盟友

在面对某个危险人格时，其符合的"清单"特征越多，你就越需要外界的支持和帮助。你必须告诉每个家庭成员你所遭受的虐待，跟他们说说这是个什么样的人。再把这些事告诉你的邻居、酒吧里的侍者、学校的教练或体育老师；告诉你的朋友自己所遭受的折磨和虐待。让你的支持者们定时或不定时地给你打个电话、到家来看看你、替你保持警惕、为你的经历充当证人。也许有一天他们就是你的救星。

还记得在本书第三章《妄想型人格》里我曾说过的那个被丈夫逼着跟孩子一起坐在地板上听其训斥的女人吗？这种对待妻儿的方式简直令人难以相信，而正是她一个早有耳闻的朋友目击到了这个情景，给法庭提供了有力的人证。

避免与世隔绝

任何人，只要是想把你与外界隔离起来的，就是一个潜在的危险。如果你与某人建立了某种关系，或加入了某个团体、组织、教会，同时却感觉到这个人或组织试图将你与家人、朋友、同事以及平时相处得很融洽的人隔离开来，那么你就是遇上危险人格了。真正关心在乎你的人，是真心希望你幸福快乐的，他们愿意让你与朋友们来往。而如果有人意图隔断你与熟悉的人的联系（他们有很多方法能做到这一点，包括羞辱你的朋友、家人或揭他们的短），你就要明白，这是危险人格在利用隔离的方法实现对你的控制。吉姆·琼斯、泰德·邦迪这样的人正是通过这个方法控制了他们的猎物。所以，你要尽可能地避免被隔绝的情况出现。

这里说的“隔绝”，也包括坐入陌生人（或怀有此类意图的人）的汽车。一旦你进了他们的汽车里面，危险性就急剧上升，而你逃离的可能性就急剧下降。只要遇到有人逼你上车的情况，就一定要反抗：尖叫、大喊、踢打、咬、抓，能用什么方法就用什么方法。与车外的情况相比，车里的危险性更大，所以，哪怕对方手里拿着枪或刀也要反抗，绝不到他们的汽车里去。这是我作为一名前执法人员和FBI特工的忠告。

定下界限

我父亲曾在一家五金商店工作过很多年，他的老板是个恶霸（自恋型人格兼情绪不稳定型人格）。他高声咒骂员工、斥责他们、朝墙上摔东西，甚至还朝顾客发脾气。但他从未对我父亲这样。我问父亲为什么，父亲答道："在上班的第一天我就告诉他：'不许对我这样。'"

人就是这样，你越是容忍他、纵容他，他就越发得寸进尺。所以我们就得定下严格的界限，绝不动摇。对这种人，要明明白白地对他们说"不"。你给他们一寸，他们就跟你要一尺。你必须跟他们挑明，什么是允许的，什么是不允许的。这一点在应对情绪不稳定型人格时尤其有效，因为他们非常遵从体系、规则和惯例。

定下界限之后，就要坚守，因为这就是你的底线。如果有人屡次越过这条线，你就得采取行动了；否则的话，他们就会把这条线视若无物，该怎样还怎样：侮辱、虐待你，熬干你的活力，耗尽你的耐心，令你情感受挫、身体患病，或将你置于险境。

避免被其控制

通常情况下，人们设定界限只是为了避免受到伤害，却忽视了被人控制的情况。然而，“控制”往往就是“伤害”的前奏，因为危险人格的行为是变本加厉、逐层递增的，他们会不断消磨你，索取无度。他们会迟到，会让你等，会让你调整你的日程安排，会再三要求你做出改变来适应他们……我们不能纵容恶行。自恋型人格若是发现会议或活动没等他们到场就开始了，或者他们来晚了也没人在乎，那么他们下一次一定会提前或准时到来；但若是他们发现大家都在等着他们，或在其到来时受到大家的奉迎追捧，那他们的行为一定会有增无减。

有人也许会问，这不就是“严厉的爱”[3]吗？不是的。真正的爱、无私的爱都是以互相尊重为基础、有着健康的界限，并无“严厉”一说。所谓“严厉”，只是对那些不喜欢界限的人而言的。他们没有同情心，也不尊重别人。“严厉”只是那些自私的自恋型人格、情绪不稳定型人格或掠夺型人格的一面之词，对他们而言，“严厉”就是要尊重别人的底线和尊严。

保护孩子

我们必须尽力保护孩子免受危险人格（包括其父母在内）的侵扰。如果不能把孩子彻底带出火坑，那就要尽力找机会让他们避开家庭、尽量待在安全和快乐的地方。

多让孩子跟爱他们的亲戚在一起，或让孩子们信任的、可以倾吐心事的保姆看管他们；如有必要，可以寻求心理治疗师帮忙；让他们多参加学校活动、体育运动，多跟小动物玩耍，鼓励他们在美术、音乐、阅读中寻找寄托……让他们认识正常的生活是什么样子：没有争吵、没有打架，也没有威胁。

我曾接触过一个案子，那家人的孩子小学是在家里接受教育的，而其父亲是自恋兼掠夺型双重危险人格。直到他们15岁上中学时才真正明白“正常”的生活是什么样子。这对孩子太不公平。我们要让孩子们明白——任何形式的虐待，不论是身体的还是心理的，都是不正常、不可接受的，这是我们的责任。

面对危险要采取行动

有时候，某个危险人格的毒害性、不稳定性、危险性已经很严重，其危险行为也露出狰狞，那些与其相处或亲近的人已经置身险境。不论这种危险是经济、情感、心理还是身体上的，只要这种人恶化到这种程度，大家就要立刻采取行动了。到了这个时候，就不要再去纳闷自己怎么会陷入这种境地了，你得立刻与其拉开距离或撇清关系。

若危险人格的威胁已经近在眼前，下列策略将教你如何应对：

行动。如果你的身体、头脑、内心告诉你赶快离开，那就立刻行动。如果需要道歉，以后再说；若是威胁依然存在，道歉的事就免了。不要拖延。只要面临身体伤害的威胁，或此人试图控制你的身体、精神、空间、金钱、亲人，这都是危险的信号，你都得马上采取行动。当心，在逃离过程中不要引起他们注意。

慎言。如果你面对的是一个高度危险的危险人格，与其讨论眼下的问题是很不安全的，不如多考虑一下该如何脱身。我曾说过，这种人随时可能爆发。如果你已经感觉到危险程度很强了，那么，跟他们争辩是非或建议他们去看心理医生的做法对你一点儿好处都没有。他们会因此对你暴力相向、毁坏财物、洗劫你的银行账户、把孩子带走、拿着枪到你办公室、挟持人质、试图自杀……所以，你首先要考虑的是如何安全逃离或解脱。即使必须与其交谈，也要保持镇定，并且，在谈话时要站在门口或出口，这样你就能随时跑开。

通知你的家人和朋友。如果事态严峻，如果你觉得威胁正在升级，如果情况正在恶化，你就得立刻通知你的家人和朋友。不论是顺路来访还是特意来访，让他们多来看看你，并且事先不要通知。告诉他们，每天都要给你打电话，如果你没有接他们的电话或给他们打电话，就立刻过来看看或打电话报警——这绝不是危言耸听。

寻求专业人士帮助。如果此前你没有与援助机构、心理诊所、律师、警察、救助中心、社会服务、求助热线等组织或机构取得联系，现在联系他们也不晚。马上联系他们！现在的你需要专业人士的帮助和支持，他们就是你的安全网。不要觉得不好意思，也不要拖延。911 电话就是为了应对这种危急情况而设的。

不要独自面对。如果你要跟施虐者或罪犯交谈，又害怕他们会伤害你，那就找心理健康专家、家人或朋友陪着你，手里要拿着手机。为以防万一，也可以找警察在场。不要担心，只要你要求了，警察一定会来的，因为他们知道——家庭暴力是个大问题，需要妥善解决。

制订脱身计划。保证安全是最重要的。我曾跟很多人谈过，他们为了从高度危险的人手里逃脱，甚至暗自筹划了好几个月时间。比如说，有的人就是一如往常准备晚餐，然后对危险人格说还缺什么东西需要出门去买——然后就一去不返。（有的人还会回来拿自己的东西，但是跟朋友一起来的）事关你及孩子的安危，所以要不择手段地逃离危险人格的手心。

为脱身攒钱。在某些极端情况下（如身在异国他乡、偏远地区，对方控制了所有钱物、隔断了你与外界的联系等），身无分文是脱不了身的。如果你感到事态正在恶化，那就该及早为脱身攒钱。为了从危险中逃离，你得千方百计攒够必需的钱，哪怕要出售自己的私人物品也在所不惜。有位哥伦比亚的女士，她每天从虐待狂丈夫那里悄悄拿走几个便士[4]，直到攒够了两张车票钱，才带着女儿逃回了娘家。

应对经济问题。如果你觉得某个金融交易很可疑，或某件与钱有关的事不大对劲，那就要立刻质问缘故，不要随意在合同或文件、支票上签名，也不要向其透露信用卡号码。接下来不要独自行动，立刻找专业人士（如银行家、会计师、律师等）介入此事，查明这次投资或买卖是否有问题。花400美元雇个律师可比被人骗走40000美元好多了。

记住，有很多人跟你同病相怜。在那些跟危险人格相处的人身上，往往会有这么一个时刻，我将其称作“觉悟”。很多年来，他们生活在危险人格的阴影中，大多数人过得很不顺心，但他们在这段感情上已经付出了太多，不舍得放手而去，于是怀着仅有的一点儿希望继续煎熬。直到有一天，他们突然意识到自己的愿望是不可能实现的，于是就“觉悟”了——这个人已经无可救药了，我已经无能为力了，我不该受这样的折磨，该放手了……

“觉悟”是痛苦的。我曾经经历过。我们会觉得自己很蠢，蠢到被人利用，蠢到生活在谎言里，再也不敢相信别人了。有些人会把这些痛苦归咎在自己身上，不断责备自己。这种情况下，最好找个心理医生帮你调理一下。但是请大家记住，跟你同病相怜的人有很多；我们每一个人都曾经历过类似的事。

拉开距离、保持距离。读过我所有的建议之后，大家也许已经明白，在应对危险人格时，“距离”是最有效的方法。是的，的确如此，因为我只关心受害者以及他们的亲人。以我的经验而言，危险人格很少会改过自新，他们带给我们的只有心理、情感、经济和身体的伤害。通常情况下，只要远离危险、远离伤害我们的人，就不再痛苦了。这也是我跟其他专业人士不同的地方。以前我也是跟那些幸福和快乐受到侵害的受害者絮絮叨叨，劝他们想办法把问题解决。但后来我读到了一句话，从此改变了观点。说这句话的人是经历过二战残酷杀戮的前瑞典外交家、作家、联合国第二任秘书长达格·哈马舍尔德，他是这样说的："想要花园干净就不要给野草留地方。"惹不起，躲得起。如果野草除不掉，那就换个新花园吧。

最后的话

希望大家在读过本书之后，对危险人格有一定的了解，也希望大家从中学到一些免受危险人格侵害的方法。生命弥足珍贵，需要好好爱惜，不能明珠暗投，让坏人践踏。很久之前人们都是居住在小村庄里，大家知根知底，好人坏人很容易就能分辨出来。现在人们都搬到大城市生活了，形形色色的人也多了，分辨坏人的难度也随之加大。但这也不是完全做不到的。

我们对自己、对家人、对团体的安危负有责任，并通过教育、保持警惕、交流信息等方式保护他们。但首先我们要保护的是自己。读过本书之后，大家已经在保护自己及亲人的道路上迈出了一大步。为获得更多的相关知识，希望大家能再找其他相关书籍看一看。

我认为对待别人要心怀尊敬和尊重。我一直是这么做的，即便是对待那些被我抓进监狱的罪犯也是如此。我们都应该互相尊重，但这并不是说要容忍别人的虐待和伤害。

我写作本书的部分原因是想帮助大家——在你的尊严受到侵害的时候、在你受到虐待的时候、在你受到侵犯的时候、在你身陷危险的时候能够认清形势。我希望在读完本书之后，大家都能对这些情况保持警惕，在危险人格伤害你之前就察觉到他们。

幸运的是，我们遇见、相处的大多数人都不是危险人格；总体而言，人们还是善良的。但我知道，在某个时刻，你总会遇到这样一个人，因为在我们生活的这个星球上，有数百万危险人格在四处游荡。如果你不幸遇到了这样的人，请记住我最后的话：

你没有任何社会责任和社会义务去承受折磨与伤害，绝对没有。

—— 本章译注 ——

1 又称态势感知，指的是通过理解和判断，精确感知环境变化和对未来发展的预知能力。

2 路易·巴斯德于1864年发明的消毒方法，原理是用60℃—90℃的短暂加热来杀死液体中的微生物，以达到保质效果。现在主要用于牛奶、葡萄酒、啤酒、果汁的消毒上。

3 为起到帮助作用而严厉地对待有问题的人。

4 1便士大约相当于1毛钱人民币。

特别补充　/假如你是危险人格，该怎么办？/

多年来，我一直在写有关危险人格的文章。也总是有人给我写信说："我发现自己具有那些特征或做出过那些行为。"如果是这样的话，我首先要对你的诚实表示由衷的祝贺。既然你已经看到存在问题了，最好去找心理健康专家帮忙，他们能够根据具体情况处理你的问题。你要明白，你自己的那些行为最终也会让你承受危害，所以，要避开它们。

* * *

最后再给大家一个建议，找出你的电话簿（或存到你的手机里），记下本地警察局、心理健康专家或你觉得有用的受害者援助机构的电话号码。万一有事的话，这么做能节省你很多时间。

/ 致谢 /

每次踏上寻求知识的旅程，总会对很多人心怀感激。在本书的最后，我要向很多拿出宝贵时间给予我指导的人表示由衷的感谢。

首先要感谢的是已故的菲尔·奎恩教授。正是在他的劝告之下，我才加入了坦帕大学的犯罪学系担任客座教授，着手研究存在缺陷的性情和人格，在 10 多年时间里，他一直是我的良师益友。在我看来，菲尔·奎恩教授集人道主义者、学术大师、心理学家、犯罪学家于一身，在其独到的见解指导下，我对如此复杂难懂的科目也能从容地理解应对。

另外要感谢的是加拿大魁北克省警察局的米歇尔·伊夫教授，他在加拿大是学术领域的泰斗级人物，也曾有犯罪心理学方面的论著出版。无论是在美国还是加拿大，在私交及工作往来等诸多方面，他都对我帮助很大。本书写作过程中，我有幸再一次得到他的意见和建议。

我还要向伦纳德·特利托教授表示敬佩和感谢。本书完稿时，恰逢他的第25本书也进入了收尾阶段，但他仍然在紧凑的日程安排中拿出宝贵时间，帮我逐字逐句仔细审阅了全书。他曾与泰德·邦迪这样的危险人物打过交道，所以，他丰富的经验和阅历对本书帮助极大。此外，他还为本书撰写了序言部分，对此我深表感激。

若是没有史蒂夫·罗斯，本书也是不可能出版的。他是艾布拉姆斯艺术家经纪公司图书部门的主管，是一名业务精湛的文稿代理人；另外，他风趣和善，与他共餐无疑是一种享受。

我要向罗达尔出版公司的亚历克斯·普斯特曼、詹妮弗·莱维斯克及负责本书出版事宜的其他团队成员表示感谢，他们十分看重人们的身心幸福，在见到书稿的那一刻就明白了本书具有挽救生命的力量。感谢本书的编辑迈克尔·齐默尔曼，他在百忙之中接下了本书的出版任务，并最终促成了此事。做得好，迈克尔。

贾尼斯·希拉里曾两次仔细审读了本书的初稿，我要向她表示感谢，谢谢她的支持和犀利的指点。如果大家都能拥有像她这样关怀学生（即使是我这样的“大龄学生”）的老师，那该多好啊。

感谢本书的合著者托妮·斯艾拉·波茵特，在她的帮助下，我的那些语言和想法才得以成形；更为重要的是，她自始至终都保持着深钻细研的劲头、乐于交流创意、一丝不苟。你的写作天赋和化难为易的能力令我深感敬佩。谢谢你，我的朋友。

同样，我还要向家人表示感谢。由于本书初稿内容是最终定稿的三倍之多，为写作本书，我常常需要在美欧两地奔波，不能常伴他们左右，谢谢他们对我的理解和宽容。感谢我的妻子斯莱丝，在此我要向她表达我深深的敬意。谢谢你，谢谢你宝贵的建议和意见，谢谢你在我一年多写书过程中的耐心和忍耐；你常常要帮我阻挡各种外界干扰，能有你这样一位贴心的妻子是我的福气。最后要感谢我的父母，我很幸运能有这样的父母，他们给了我一个充满爱心、远离危险人格的成长环境。

乔·纳瓦罗，文学硕士、FBI 特工（退休）

2013 年 10 月于美国佛罗里达州坦帕市

* * *

跟乔·纳瓦罗一样，我也要向艾布拉姆斯艺术家经纪公司的史蒂夫·罗斯、本书编辑迈克尔·齐默尔曼以及罗达尔出版公司的项目团队表示感谢，谢谢他们为本书出版所做的努力。

感谢唐娜·蒙克，你是我最为忠实可靠、细心周到的作家朋友。

感谢我的丈夫，亲爱的唐纳德。他始终陪伴在我身边，不论是苦是乐，都跟我一起分担。

感谢乔·纳瓦罗，谢谢你与我合作本书，谢谢你能在写作过程中与我经常碰面，并就危险人格这一领域与我交流想法。感谢你为本书的点滴细节所付出的不懈努力，我钦佩你的付出、幽默感以及对学习和工作的热爱。每当你给我写来邮件说“这件事我来处理”时，我总感觉非常踏实。

最后，我要冒着身背“不严肃”评语的危险，谢谢我的猫——露西。每当我因为书中的危险人格而心中痛苦、难受时，它总在我身边——在睡垫上蜷成毛茸茸的一团——给我带来安慰。

托妮·斯艾拉·波茵特

2013年12月于美国纽约市